MATHEMATICAL & LOGICAL PUZZLES

MARTIN GARDNER

数学思维训练营

马丁·加德纳的
趣味数学题

[美] 马丁·加德纳 著

林自新 谈祥柏 译

U0397183

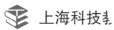

上海科技教

图书在版编目(CIP)数据

马丁·加德纳的趣味数学题/(美)马丁·加德纳著;林自新,谈祥柏译.—上海:上海科技教育出版社,2019.8
(2024.8重印)

(数学思维训练营)

书名原文:Entertaining Mathematical Puzzles

ISBN 978-7-5428-7039-1

Ⅰ.①马⋯　Ⅱ.①马⋯②林⋯③谈⋯　Ⅲ.①数学—普及读物　Ⅳ.①O1-49

中国版本图书馆CIP数据核字(2019)第158985号

目 录

Contents

序 言

序 言

Introduction

在为这本集子挑选材料的过程中,我竭力寻求那些独具特色而又引人入胜的趣题,它们仅仅要求最初等的数学知识,但同时又富有激励性地闪现出更高层次的数学思想。

这些趣题中有许多曾经发表在《科学世界》(*Science World*)杂志上我主持的"轻松时分"(On the Light Side)专栏中。在答案中,只要篇幅允许,我尽量详细地解释了每道题是如何解决的,并指出某些诱人的途径,这些途径从题目出发,蜿蜒曲折地通向数学丛林中更为枝叶繁盛的地区。

也许,在赏玩这些趣题的过程中,你会发觉数学比你想象的更加可爱。也许,这将使你愿意认真地学习这门学科,或者减少你在着手学习一门最终需要一点高等数学知识的科学时的犹豫。

的确,现在没有人可以怀疑数学的巨大实用价值。没有数学工具,就不可能有现代科学的发现和发明。但是,许多人并不理解,数学家事实上从数学中得到了愉悦。用我的话来说,经过深思熟虑对症下药地摆平了一道有趣的题目,其令人愉悦的程度,就如同经过反复瞄准用保龄球一下子击倒了十个球瓶。

在莱曼·弗兰克·鲍姆[①]极其有趣的幻想小说之一《奥芝国的翡翠城》中,多萝西(同那位术士以及她的叔叔和婶婶一起)访问了奥芝国夸德林邦的散架人城。该城奇特的居民,那些散架人,就像立体的七巧板,是由上了漆的木块巧妙地拼合而成

---

① 莱曼·弗兰克·鲍姆(Lyman Frank Baum, 1856—1919),美国作家。他以虚构的奥芝国为背景,创作了著名的系列儿童读物《绿野仙踪》,《奥芝国的翡翠城》即是其中的一篇。——译者注

的。一有生人走近,他们就立即散架,成为地上一堆散乱的木块。这样,来访者就会享受到把他们重新拼合起来的乐趣。当多萝西一行离开这座城市的时候,爱姆婶婶评论道:"他们真是些奇怪的人,但我实在看不出他们到底有什么用处。""嗨,他们使我们快活了好几个钟头,"术士作出反响,"我敢说这就是对我们的用处。""我想,比起玩接龙或掷刀游戏来,他们要有趣得多,"亨利叔叔补充道,"就我来说,我很高兴我们访问了这些散架人。"

我希望你们在打算认真地思考解题之前,尽最大努力抗拒看答案的诱惑。我还希望当你们做好这些趣题的时候,能像亨利叔叔那样,为曾经被它们弄得"散了架"而感到快乐。

马丁·加德纳

1. 称重问题

如果一只篮球的质量是 $10\frac{1}{2}$ 盎司①加上它本身质量的一半,那么它的质量是多少?

---

① 盎司,英制质量单位。1盎司合28.3495克。——译者注

2. 彩色袜子

在衣柜抽屉中杂乱无章地放着 10 只红色的袜子和 10 只蓝色的袜子。这 20 只袜子除颜色不同外，其他都一样。现在房间中一片漆黑，你想从抽屉中取出 2 只颜色相同的袜子。最少要从抽屉中取出几只袜子才能保证其中有 2 只配成颜色相同的一双？

3. 帕费姆夫人的香烟

帕费姆夫人多年来烟瘾极大,她终于决心要把香烟彻底戒掉。"我抽完剩下的这27支香烟,"她自言自语道,"就再也不抽了。"

帕费姆夫人的抽烟习惯是,每支香烟只抽三分之二,不多也不少。她很快就发现,用某种透明胶纸可以把3个烟蒂接成一支新的香烟。她手头有27支香烟,在彻底戒烟之前,她还能抽多少支呢?

4. 三只猫

如果3只猫在3分钟内捉住了3只老鼠,那么多少只猫将在100分钟内捉住100只老鼠?

5. 银条

一位银矿勘探员无力预付3月的房租。他有一根长31英寸①的纯银条,因此他和女房东达成如下协议。他说,他将把银条切成小段。3月的第一天,他给女房东1英寸长的一段,然后每天给她增加1英寸,以此作为抵押。勘探员预期到3月的最后一天,他能全数付清租金,而届时女房东将把银条小段全部还给他。

3月有31天,一种办法是把银条切成31段,每段长1英寸。可是这得花很多的功夫。

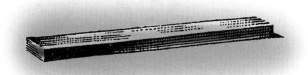

勘探员希望既履行协议,又能使银条的分段数目尽量减少。例如,他可以第一天给女房东1英寸的一段,第二天再给1英寸的一段,第三天他取回这两段1英寸的而给她3英寸的一段。

假设银条的各段是按照这种方式来回倒换的,看看你能不能回答这样一个问题:勘探员至少需要把他的银条切成多少段?

---

① 英寸,英制长度单位。1英寸合2.54厘米。——译者注

6. 二手助动车

比尔把他的助动车作价100美元卖给汤姆。骑了几天,汤姆发觉它已相当破旧,于是以80美元又卖还给比尔。

第二天,比尔又把它作价90美元卖给赫尔曼。

比尔的总利润是多少?

7. 存款不足

"我好像在我的存款账户上透支了，"格林先生对银行经理说，"不过我无论如何也弄不明白这是怎么发生的。你瞧，我最初在银行的存款是100美元。然后，我取了6次款。这些取款额加起来是100美元，可是按我的记录，在银行中我只有99美元可取。你看看这些数据。"

格林先生递给银行经理一张纸，上面写着：

取款额	存款余额
$ 50	$ 50
25	25
10	15
8	7
5	2
2	0
——	——
$ 100	$ 99

"你看，"格林先生说，"我好像欠银行1美元。"

银行经理检查了数据，笑了。"我赞赏你的诚实，格林先生。但是你什么也没欠我们。"

"那么是数据有差错？"

"不，你的数据是对的。"

你能说明错误出在何处吗？

8. 换不开

"请帮我把1美元的钞票换成硬币。"一位顾客提出这样的要求。

"很抱歉,"出纳员琼斯小姐仔细查看了钱柜后答道,"我这里的硬币换不开。"

"那么,把这枚50美分的硬币换成小币值的硬币行吗?"

琼斯小姐摇摇头。她说,实际上连25美分、10美分、5美分的硬币都换不开。

"你到底有没有硬币呢?"顾客问。

"噢!有,"琼斯小姐说,"我的硬币总共有1.15美元。"

钱柜中到底有哪些硬币?①

---

① 1美元合100美分,小币值的硬币有50美分、25美分、10美分、5美分和1美分。——译者注

9. 阿尔的零用钱

阿尔要求他爸爸每星期给他1美元的零用钱,可是他爸对这种超过50美分的要求予以拒绝。他们争论了一会儿后,阿尔(他相当精于算术)说:

"我出个主意,爸爸。我们是不是这么办:今天是4月的第一天,你给我1美分。明天,你给我2美分。后天给我4美分。总之,每天给我的钱是前一天给我的两倍。"

"给多长时间?"爸爸警惕地问道。

"只是4月一个月,"阿尔说,"以后我一辈子再也不向你要钱了。"

"好吧,"爸爸立即答应,"就这么说定了!"

在下列的数目中,你认为哪一个最接近于爸爸在4月中将要给阿尔的钱款总额呢?

$ 1
$ 10
$ 100
$ 1000
$ 10000
$ 100000
$ 1000000
$ 10000000

10. 工资的选择

假设你得到一份新的工作，老板让你在下面两种工资方案中进行选择：

（A）工资以年薪计，第一年为4000美元，以后每年增加800美元；

（B）工资以半年薪计，第一个半年为2000美元，以后每半年增加200美元。

你选择哪一种方案？为什么？

11. 自行车和苍蝇

两个男孩各骑一辆自行车,从相距20英里①的两个地方,开始沿直线相向骑行。在他们起步的那一瞬间,一辆自行车车把上的一只苍蝇,开始向另一辆自行车径直飞去。它一到达另一辆自行车车把,就立即转向往回飞行。这只苍蝇如此往返,在两辆自行车的车把之间来回飞行,直到两辆自行车相遇为止。

如果每辆自行车都以每小时10英里的等速前进,苍蝇以每小时15英里的等速飞行,那么,苍蝇总共飞行了多少英里?

---

① 英里,英制长度单位。1英里合1.6093千米。——译者注

12. 漂流的草帽

一位渔夫,头戴一顶大草帽,坐在划艇上在一条河中钓鱼。河水的流动速度是每小时3英里,他的划艇以同样的速度顺流而下。

"我得向上游划行几英里,"他自言自语道,"这里的鱼儿不愿上钩!"

正当他开始向上游划行的时候,一阵风把他的草帽吹落到船旁的水中。但是,我们这位渔夫并没有注意到他的草帽丢了,仍然向上游划行。直到他划行到船与草帽相距5英里的时候,他才发觉这一点。于是他立即掉转船头,向下游划去,终于追上了他那顶在水中漂流的草帽。

在静水中,渔夫划行的速度总是每小时5英里。在他向上游或下游划行时,一直保持这个速度不变。当然,这并不是他相对于河岸的速度。例如,当他以每小时5英里的速度向上游划行时,河水将以每小时3英里的速度把他向下游拖去,因此,他相对于河岸的速度仅是每小时2英里;当他向下游划行时,他的划行速度与河水的流动速度将共同作用,使得他相对于河岸的速度为每小时8英里。

如果渔夫是在下午2时丢失草帽的,那么他找回草帽是在什么时候?

13. 往返旅行

当我们驾驶汽车旅行的时候,汽车在不同的时刻当然会以不同的速度行驶。如果把全部距离除以驾驶汽车的全部时间,所得到的结果叫作这次旅行的平均速度。

史密斯先生计划驾驶汽车从芝加哥去底特律,然后返回。他希望整个往返旅行的平均速度为每小时60英里。在抵达底特律的时候,他发现他的平均速度只达到每小时30英里。

为了把往返旅行的平均速度提高到每小时60英里,史密斯在返回时的平均速度必须是每小时多少英里呢?

14. 飞机的矛盾

一架飞机从 A 城飞往 B 城,然后返回 A 城。在无风的情况下,它整个往返飞行的平均地速(相对于地面的速度)为每小时 100 英里。

假设沿着从 A 城到 B 城的方向笔直地刮着一股持续的大风。如果在飞机往返飞行的整个过程中发动机的速度同往常完全一样,这股风将对飞机往返飞行的平均地速有何影响?

怀特先生论证道:"这股风根本不会影响平均地速。在飞机从 A 城飞往 B 城的过程中,大风将加快飞机的速度,但在返回的过程中大风将以相等的数量减缓飞机的速度。"

"这似乎言之有理,"布朗先生表示赞同,"但是,假如风速是每小时 100 英里。飞机将以每小时 200 英里的速度从 A 城飞往 B 城,但它返回时的速度将是零!飞机根本不能飞回来!"

你能解释这似乎矛盾的现象吗?

15. 从角到角

　　求解一道几何题，如果路子不对，往往非常难办；换个路子，却容易得出奇。这道题目是个典型的例子。

　　按照图中给定的尺寸（以英寸为单位），看你多快就能算出从 A 角到 B 角的长方形对角线的长度？

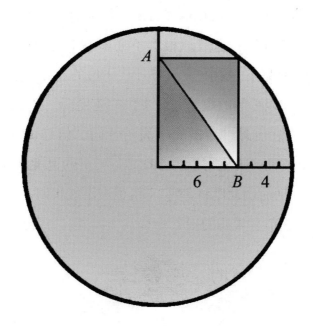

16. 印度人和猫

在画着戴头巾的印度儿童的图中,你能数出多少个不同的正方形?

在画着猫的图中,你能数出多少个不同的三角形?

请仔细观察,这道题目不像你想象的那么容易!

17. 切馅饼

用一次呈直线的切割，你可以把一个馅饼切成两块。第二次切割与第一次切割相交，则把馅饼切成4块。第三次切割(如图)切成的馅饼可多至7块。

经过6次这样呈直线的切割，你最多可把馅饼切成几块？

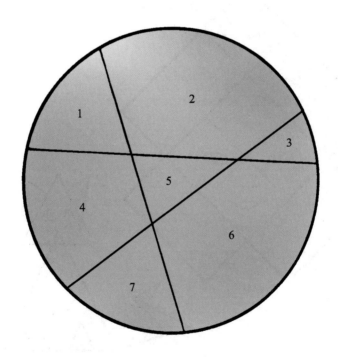

18. 正方形失踪

　　纽约市的业余魔术师保罗·柯里首先发现：一个正方形可以被切成几小块，然后重新组合成一个同样大小的正方形，但它的中间有个洞！

　　柯里的戏法有多种版本，但图1和图2所示的是其中最简单的一种。把一张方格纸贴在纸板上。按图1画上正方形，然后沿图示的直线切成5小块。当你照图2的样子把这些小块拼成正方形的时候，中间居然出现了一个洞！

　　图1的正方形是由49个小正方形组成的。图2的正方形却只有48个小正方形。哪一个小正方形没有了？它到哪儿去了？

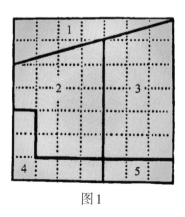

图1

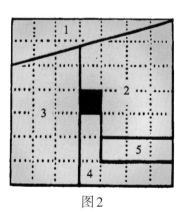

图2

19. 在钢带下面

设想你处在一个表面极其光滑而且像太阳那样大的圆球上面。一条钢带紧紧地箍住了这个球的赤道。

如今给这条钢带增加1码①的长度,使得钢带离开了球的表面,并且处处同球面保持着相等的距离。钢带的这种升高,是不是足以使你能够:

(1)在钢带下面塞过一张扑克牌?

(2)在钢带下面塞过你的手?

(3)在钢带下面塞过一只棒球②?

---

① 码,英制长度单位。1码合0.9144米。12英寸为1英尺,3英尺为1码。——译者注

② 棒球的直径在7.4厘米左右。——译者注

20. 第三种线

直线被称为是自叠合的,因为直线的任何一段都能同长度相等的其他任何一段完全叠合。圆的圆周也是这样。圆周的任何部分都同长度相等的其他任何部分完全一样。

卵形线不是自叠合的,因为它的各个部分有着不同的曲率。从卵形线侧部取下的部分,不能同其端部更为弯曲的部分相叠合。

还有第三种线,也像直线和圆周那样,是自叠合的。你能想象出它是哪一类线吗?

21. 漆上颜色的立方体

设想你有一罐红漆,一罐蓝漆,以及大量同样大小的立方体木块。你打算把这些立方体的每一面漆成单一的红色或单一的蓝色。例如,你会把一块立方体完全漆成红色。第二块,你会决定漆成3面红3面蓝。第三块或许也是3面红3面蓝,但是各面的颜色与第二块相应各面的颜色不完全相同。

按照这种做法,你能漆成多少互不相同的立方体?如果一块立方体经过翻转,它各面的颜色与另一块立方体的相应各面相同,这两块立方体就被认为是相同的。

22. 篮球上的黑点

　　在一只篮球上漆上一些黑点,要求各个黑点之间的距离完全相等,最多可以漆上几个这样的黑点呢?

　　"距离"在这里是指在球表面上量度的距离。做这道趣题的一个好办法,是在一只球上标上黑点,然后用一条细绳子量度它们之间的距离。

23. 一圈硬币

　　这种游戏的玩法是,取任意数目的筹码(可以是硬币、棋子、石子或小纸片等),把它们摆成一个圆圈。下图是用10枚硬币摆成的开局。两位游戏者轮流从中取走一枚或两枚筹码,但如果是取走两枚筹码,这两枚筹码必须相邻,即它们中间既无其他筹码,也无取走筹码后留下的空当。谁取走最后一枚筹码谁胜。

　　如果双方都玩得有理,谁肯定能获胜?他应该采用什么样的策略?

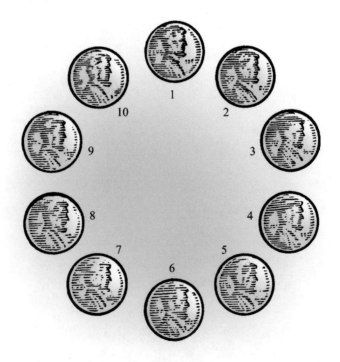

24. 架桥

　　这个不寻常的游戏,是由美国布朗大学的数学教授戴维·盖尔发明的,并以架桥作为商品名进入市场。它可以在各种尺寸的纸板上玩。这里阐明的版本,很容易在纸上用两种不同颜色的铅笔玩。它要比在井字形方格上画叉和圆圈的游戏好玩得多。

　　假定你们用的铅笔是红色的与黑色的。用黑色铅笔如图1那样画出由12个点组成的长方形。用红色铅笔如图2那样加上12个点(在图中,红色的点用阴影圆表示)。图2就是游戏用的图。

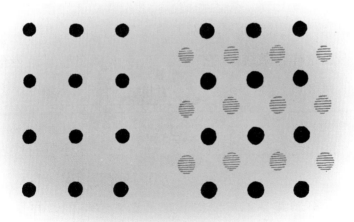

图1　　　　　　图2

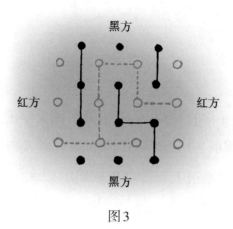

图3

一方拿红铅笔,另一方拿黑铅笔。先手画出一条水平线或竖直线,把与自己铅笔同色的两个相邻点连接起来。接着,后手也如此画线,把与他铅笔同色的两个相邻点连接起来。双方轮流进行。

黑方的目的是形成一条连续的线路,它从黑点长方形的顶行抵达底行。这条线路不必是笔直的,它可以任意转弯,只要能把长方形的相对两侧连接起来。红方的目的也是形成这样一条线路,它从红点长方形左端那列抵达右端的那列红点。当然,每一方还用自己的线路去阻拦对方的去路。

谁先完成自己的线路谁获胜。图3表示了具有代表性的一次对局结果,获胜的是红方(他的线路用虚线表示)。

这个游戏是不可能以和局的形式告终的。在玩得有理的前提下,哪一方肯定会获得最后的胜利?是先手还是后手?

25. 狐狸和鹅

这个饶有趣味的游戏是在如下页图所示的纸板上进行的。

把一枚 1 美分硬币放在画着狐狸的地方,代表狐狸;把一枚 10 美分硬币放在画着鹅的地方,代表鹅。

一方移动狐狸,另一方移动鹅。一次"移动"是指把硬币从一个黑点沿着黑线移到一个相邻的黑点上。狐狸企图移到鹅所占据的黑点上,从而把鹅捉住。鹅则尽量逃避。如果狐狸用 10 次或不到 10 次的移动把鹅捉住,狐狸胜。如果狐狸移动 10 次还没捉住鹅,则鹅胜。

现在,如果鹅首先移动,则狐狸会易如反掌地在纸板的左下角把鹅捉住。但是在这个游戏中,狐狸必须首先移动。这似乎给鹅提供了逃避被捉的良好机会。

如果正确地移动狐狸,是否总能在 10 次移动中把鹅捉住?或者鹅是否总能避免被捉住?

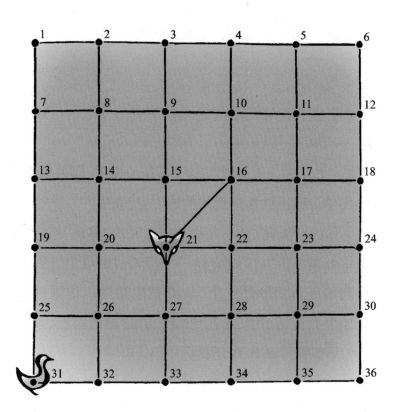

26. NIM

把9枚硬币摆成三行,如下图所示。双方轮流取走硬币,一次可以取1枚,也可以取多枚,但是这些硬币必须都取自同一行。例如,一方可以从顶行取走1枚硬币,或者从最底下一行取走全部硬币。谁被迫取走最后一枚硬币,谁便是输家。

如果先手的第一着对了,并且继续玩得有理,他总能赢。如果他的第一着错了,而对方玩得有理,对方就总能赢。

你能找出这制胜的开局第一着吗?

27. 三枚硬币

乔："我向空中扔3枚硬币。如果它们落地后全是正面朝上，我就给你10美分。如果它们全是反面朝上，我也给你10美分。但是，如果它们落地时是其他情况，你得给我5美分。"

吉姆："让我考虑一分钟。至少有两枚硬币必定情况相同，因为如果有两枚硬币情况不同，则第三枚一定会与这两枚硬币之一情况相同（参阅本书的彩色袜子趣题）。而如果两枚情况相同，则第三枚不是与这两枚情况相同，就是与它们情况不同。第三枚与其他两枚情况相同或情况不同的可能性是一样的。因此，3枚硬币情况完全相同或情况不完全相同的可能性是一样的。但是乔是以10美分对我的5美分来赌它们的不完全相同，这分明对我有利。好吧，乔，我打这个赌！"

吉姆接受这样的打赌是明智的吗？

28. 第十次投掷

　　一枚普通的骰子(就是赌博中用的那一种)有6个面,因此任何一面朝上的概率是六中有一,即 $\frac{1}{6}$ 。假设你将某一枚骰子投掷了9次,每次的结果都是1点朝上。

　　第十次投掷,1点还是朝上的概率是多少呢?它是大于 $\frac{1}{6}$,还是小于 $\frac{1}{6}$,或者仍然是 $\frac{1}{6}$?

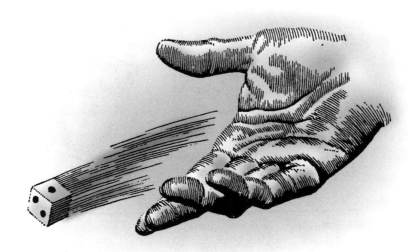

29. 老K的优势

　　桌上放着6张扑克牌,全部正面朝下。你已被告知其中有两张且只有两张是老K,但是你不知道老K在哪个位置。

　　你随便取了两张并把它们翻开。

　　下面哪一种情况更为可能?

　　(1)两张牌中至少有一张是老K;

　　(2)两张牌中没有一张是老K。

30. 男孩对女孩

　　乔治·伽莫夫和马文·斯特恩在他们富有启发性的小册子《趣题数学》(*Puzzle - Math*)中讲到一个关于一位苏丹的故事。这位苏丹打算增加他国家中妇女的人口,使之超过男子的人口,以让男人能有更多的妻妾。为了达到这个目的,他颁布了如下的法律:一位母亲生了她第一个男孩后,她就立即被禁止再生孩子。

　　苏丹论证道,通过这种办法,有些家庭就会有几个女孩而只有一个男孩,但是任何家庭都不会有一个以上的男孩。用不了多长时间,女性人口就会大大超过男性人口。

　　你认为苏丹的这个法律会产生这样的效果吗?

31. 五块砖头

这是所有拓扑趣题中最古老也是最著名的趣题之一。可能你的祖父在学校里应该钻研他的历史书的时候,却在为这道趣题绞尽脑汁。不过,一千个人当中也难得有一个人确切知道它究竟能不能做到。

问题是这样的。你能用铅笔仅3笔就画出图1中的图形吗?任何一条线都不允许你画两次。除了一小段线段之外,图形的所有其他部分都能容易地画出来(一些这样的尝试表示在图2之中),但是整

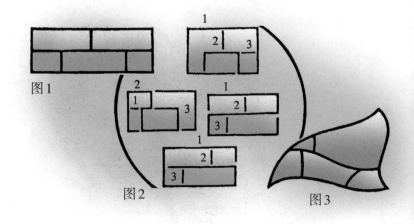

图1

图2

图3

个图形能否用3笔画出来呢?如果不能,那么为什么不能?

这是一道拓扑趣题,因为这些砖头的实际大小和形状都无关紧要。例如,如果我们把图形扭曲成如图3所示的样子,问题还是完全保持原样。对图1的任何一个解决方案都是对图3的一个解决方案,反之亦然。

32. 两种结

　　许多人现在都知道什么是默比乌斯带。它是把一条纸带拧上半圈之后再把两端粘接起来而形成的，就像图1所示的那样。它只有一个面和一条边。

　　许多人还知道，如果你沿着默比乌斯带的中心线纵向剪下去，想把带子一分为二，结果不是像你所预期的那样产生两条带子，而是展开成一条大的带子。如果你一开始是从带宽三分之一处纵向剪下去，那么你将绕带子剪两圈，产生一条套了一

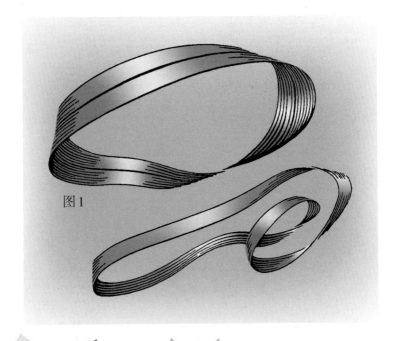

图1

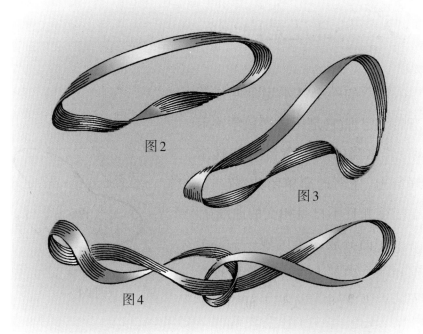

图2

图3

图4

条小带子的大带子。

如果你把带子拧上两个半圈后再把两端粘接起来(图2)，那么沿中线纵向剪下去将产生两条同样大小的带子，但是彼此套在一起。如果你剪开一条拧了三个半圈再把两端粘接起来的带子，将会产生什么样的结果呢(图3)?这一次你得到的是一条打了一个结的大带子(图4)!

把带子拧三个半圈，有两种方法。我们可以沿顺时针方向拧，也可以沿反时针方向拧。在这两种情况下，你剪开带子都将得到一个结。

现在的问题是:这两个结完全相同吗?

33. 外部还是内部?

拓扑学的一个基本定理叫作若尔当曲线定理(它是用法国数学家卡米耶·若尔当的姓氏命名的)。这个定理指出,任何的简单闭曲线(一条两端相接并且不自身相交的曲线)都把一个平面分成两个区域——一个外部和一个内部(图1)。这个定理看上去相当浅显,但是实际上证明起来却相当困难。

图1

图2

如果我们画出一条如图2那样的扭扭曲曲的简单闭曲线,要立即说出某一点,例如图中用小十字标出的那个点,是处于内部还是处于外部,可就不那么容易了。当然,我们可以循着这个点所在的区域不断追踪,一直追到曲线的边缘,看它是否通向外部而作出判断。

在图3中,只露出了一条简单闭曲线的中间一小部分。曲线四周的其余部分都被纸片盖住了,不让你看见,因此没有办法循着任何看得见的区域向外追到曲线的边缘。我们已经被告知,标志着A的区域是曲线的内部。

区域B是内部还是外部?你又是怎么知道的?

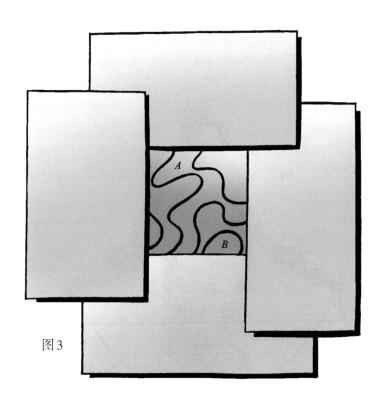

图3

34. 毛线衫翻面

　　想象你的两只手腕被一根绳子系在一起,如下图所示,而你穿着一件套头式的毛线衫。

　　有没有什么办法,你能脱下毛线衫,把它的里面翻到外面,然后再穿上去呢?别忘了,毛线衫是没有扣子的,而且绳子不许解开,也不许剪断。

35. 烤面包的时间

史密斯家里有一个老式的烤面包机,一次只能放两片面包,每片烤一面。要烤另一面,你得取出面包片,把它们翻个面,然后再放回到烤面包机中去。烤面包机对放在它上面的每片面包,正好要花1分钟的时间烤完一面。

一天早晨,史密斯夫人要烤3片面包,两面都烤。史密斯先生越过报纸的顶端注视着他夫人。当他看了他夫人的操作后,他笑了。她花了4分钟时间。

"亲爱的,你可以用少一点的时间烤完这3片面包,"他说,"这可以使我们电费账单上的金额减少一些。"

史密斯先生说得对不对?如果他说得对,那他的夫人该怎样才能用不到4分钟的时间烤完那3片面包呢?

36. 没有时间上学

"但是我没有时间上学，"埃迪向劝学员[1]解释道，"我一天睡眠8小时，以每天为24小时计，一年中的睡眠时间加起来大约122天。星期六和星期天不上课，一年总共是104天。我们有60天的暑假。我每天吃饭要花3小时——一年就要45天以上。我每天至少还得有2小时的娱乐活动——一年就要超过30天。"

埃迪边说边匆匆写下这些数字，然后他把所有的天数加起来。结果是361天。

睡眠（一天8小时）	122
星期六和星期天	104
暑假	60
吃饭（一天3小时）	45
娱乐（一天2小时）	30
总和	361

"你瞧，"埃迪接着说，"剩下给我病卧在床的只有4天，我还没有把每年7天的学校假期考虑在内呢！"

劝学员搔搔头。"这里有差错，"他咕哝道。但是，他左思右想，也未能发现埃迪的数据有何不准确之处。你能解释错误何在吗？

---

① 美国学校中专门检查、管理逃学或旷课学生的官员。——译者注

37. 三条领带

　　黄先生、蓝先生和白先生一起吃午饭。一位系的是黄领带，一位是蓝领带，一位是白领带。

　　"你们注意到没有，"系蓝领带的先生说，"虽然我们领带的颜色正好是我们三个人的姓，但我们当中没有一个人的领带颜色与他自己的姓相同？"

　　"啊！你说得对极了！"黄先生惊呼道。

　　请问这三位先生的领带各是什么颜色？

38. 两个部落

有个海岛上住着两个部落。一个部落的成员总是说实话,另一个部落的成员总是说谎话。

一位传教士碰到两位土著人,一位是高个子,另一位是矮个子。"你是说实话的人吗?"他问高个子。

"Oopf,"高个子的土著人答道。

传教士知道这个土著语单词的意思为"是"或"不是",可是记不清究竟是哪一个。矮个子的土著人会说英语,传教士便向他询问他的伙伴说的是什么。

"他说'是',"矮个子的土著人答道,"但他是一个大说谎家!"

这两位土著人各属于哪一个部落?

39. 五块"四小方"

在一张硬纸或纸板上描下图1中的5个图形,再把它们剪下来。你能把它们拼接成图2所示的4×5长方形吗?每块图形都可以翻转,哪一面朝上都行。

这5块图形的形状,叫作四小方。多米诺骨牌可称为二小方,因为它是由两个小正方形连接而成的。四小方则是由4个小正方形连接而成的。以此类推,由3个小正方形构成的形状称为三小方,那些由5个小正方形构成的则称为五小方。

这类形状的总称是多小方。数以百计的引人入胜的趣题以它们为基础。

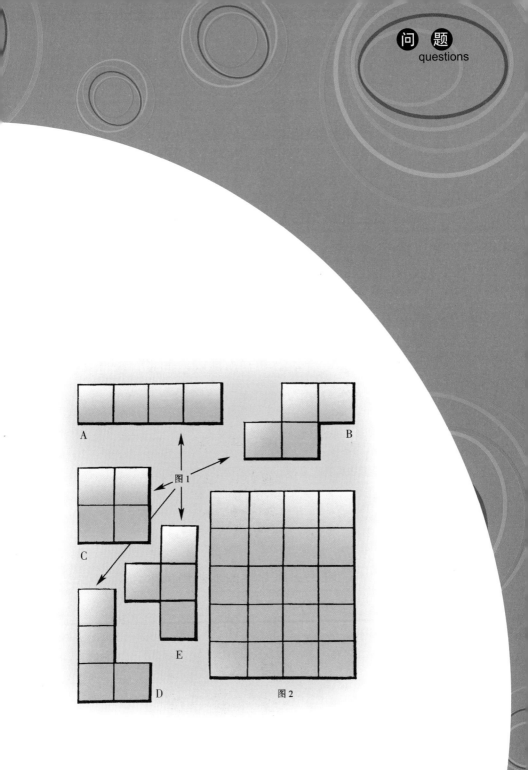

A

B

图 1

C

E

D

图 2

40. 微妙趣题

（1）一个三角形的边长为17、35和52英寸。它的面积是多少平方英寸？

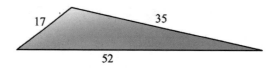

（2）你能不能笔尖不离开纸面地画出四条直线，使得它们通过下图中的九个点？

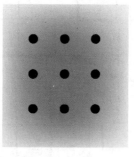

（3）你能不能笔尖不离开纸面地画出两条直线，使得它们通过下图中的六个棒球？

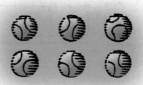

（4）你能不能把十块糖放入三个空杯,使得每个杯子中糖块的数目都是奇数?

（5）在当地的五金店中,琼斯得知:1的价钱是50美分,12的价钱是1美元,而144的价钱是1.5美元。琼斯要买的是什么东西?

（6）看你能多快就把从9到1这些数字按逆顺序写下来,然后对照答案看一下你是否仔细地遵循了题目的要求。

（7）看你能多快就把下列数字的乘积求出来:256×3×45×3961×77×488×2809×0。

（8）拉林贾伊蒂斯是希腊的一位雄辩家,他生于公元前30年7月4日,死于公元30年7月4日。他活了多大岁数?

（9）狗医生和猫护士共重27磅①。如果狗的体重是一个奇数,他的体重是她的体重的两倍,每只动物各重多少?

（10）在一系列实验之后,一位化学家发现:当他系绿领带的时候,某种化学反应的时间为80分钟;同样的反应在他系紫领带的时候总要用一小时又二十分钟。你能想出来为什么会是如此吗?

（11）一位数学家有天晚上在8点的时候上床,他把闹钟定在早晨9点,就立即睡着了。当闹钟把他闹醒的时候,他睡了多少小时?

（12）把30除以 $\frac{1}{2}$ 再加上10,结果是多少?

（13）一个男孩有五个苹果,除了三个之外全都吃了。还剩

---

① 磅,英制重量单位,1磅合0.4536千克。——译者注

下几个?

(14)哪两个整数(不是分数)乘起来后得到不吉利的数字13?

(15)这本书的一位读者没有能够猜出这些题目的全部答案,十分生气,他把书中的第6、7、84、111和112页撕掉了。他一共撕下了几张纸?

(16)如果一台钟用5秒钟敲响6点,那么它敲响12点要用多长时间?

(17)说明怎样在一张薄煎饼上用刀切出三条直线,把它切成八块。

(18)下面是一位无名氏写的一首老式打油诗:

> 四位青年坐下玩,
>
> 玩个通宵又达旦。
>
> 不为消遣为金钱,
>
> 各人心中有谱线。
>
> 到头柜台算总账,
>
> 大家都得好款项!
>
> 你能解释算奇才:
>
> 没人输钱钱何来?

(19)一只瓢虫在一把直尺上爬行,它从尺的一端12英寸刻度线处爬到尺的中点6英寸刻度线处。这花了它12秒钟。

它继续前进，从6英寸刻度线处爬到了1英寸刻度线处，可是这只花了它10秒钟。你能想出个好理由来解释这个时间上的差别吗？

（20）这十个数字的排列顺序根据的是什么规则？

$$8—2—9—0—6—7—3—4—5—1①$$

（21）如果一打中有12张一美分的邮票，那么，一打中有多少张二美分的邮票呢？

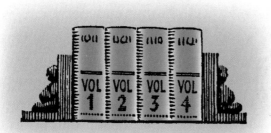

（22）左上图的这套丛书中的每一本书都是两英寸厚，这厚度是把封面和封底计算在内的，它们各厚 $\frac{1}{8}$ 英寸。如果一只书蛀虫从第一卷的第一页开始，笔直地蛀穿这套丛书，直到第四卷的最后一页，那么，这蛀虫爬了多远的距离呢？

（23）你能不能从右上图中圈出六个数字，使得它们加起来为21？

（24）在下页图的每个点上放一枚硬币。你能不能只改变

---

① 原文作 8—5—4—9—1—7—6—3—2—0。为适合我国读者，特别是不懂英语的读者，翻译时做了改动。——译者注

一枚硬币的位置，形成两条直线，而且每条直线上各有四枚硬币？

（25）一位逻辑学家抵达一个小镇，他发现镇中只有两位理发师，每人各有自己的理发店。逻辑学家正需要理发，于是他察看了一家理发店，一眼就看出它非常脏。那理发师自己就需要刮脸,他衣着不整,头发蓬乱而且理得很蹩脚。再看另一家理发店,店面崭新。理发师刚刮过胡子,衣着整洁,头发修剪得很好。逻辑学家稍作思考,便返回第一家理发店去理发。为什么?

(26) 凯蒂和苏珊经人介绍初次同男方会面,那两个小伙子就带她们去看足球比赛。凯蒂和苏珊看到他们长得一模一样,十分惊奇。

"对,我们是兄弟,"他们中的一位解释道,"我们是同年同月同日生,而且有着相同的父母。"

"不过,我们不是双胞胎。"另一位说。

凯蒂和苏珊迷惑不解。你能解释这种情况吗?

(27) 10英尺乘以10英尺等于100平方英尺。10美元乘以10美元是多少呢?

(28) 在年轻小伙子向出纳员交付早餐费的时候,她注意到他在账单背面画了一个三角形。在三角形的底下他还写了:13×2=26。

出纳员面露笑容。"我看你是个水手。"她说。

出纳员怎么会知道他是水手呢?

41. 马车问题

　　下面这种奇妙而有教益的问题,人们在早上外出散步时,随时随地都会涌上心头。

　　最近,我同一位朋友在乡间散步时,正好遇上了他的儿子。这孩子正独自坐在马车上,拉车的是一匹小马。马车来了一个急转弯,其速度之快,差点把这辆由一匹小马拉着的马车掀翻,他父亲也为之大吃一惊。我们回到家里之后,父子两人就这辆马车的转弯质量问题展开了一场激烈的讨论。

　　在下图中,你看到的是这位儿子正在显示自己驾驭马车做圆周运动而不致翻车的能力。马车的两个车轮在车轴上保持 5 英尺的法定距离,而且在外圈上运动的车轮转两圈,在内圈上运动的车轮就转一圈。

　　题目要求你猜一猜:马车外侧轮子所描画出来的圆周长是多少?

42. 一条被子变两条

　　图中这位丈夫正在同妻子商量,怎样把一条正方形被子裁剪成两条较小的正方形被子。由于被子上是棋盘格子图案,所以只能沿着格子线裁剪。

　　题目要求把这条被子裁剪成块数为最少的几块,然后用它们缝制成两条较小的正方形被子。

43. 威廉·退尔射苹果

图中威廉·退尔①正站在离旗杆 35 码②远的地方想显示一下自己的本领,他用箭瞄准了汤米·里德尔斯③身上放着的苹果。你能否说出,为了正好得到 100 分,他应该去射那几只苹果?同一只苹果可以射中多次。

第二个问题:旗杆的高度是多少?

---

① 西方民间传说中的瑞士英雄人物,神箭手,能百发百中,好比我国《水浒传》中的"小李广"花荣。——译者注

② 码,英制长度单位。1 码约合 0.9144 米。——译者注

③ 原文为 Tommy Riddles,Tommy 是英美人惯常用的昵称,Riddles 意为"谜"(复数)。——译者注

44. 有争议的土地

图中这几名矿工正在为几块土地的采矿权进行激烈的争吵。每块土地的形状都是一个直角三角形,尺寸各不相同,但每块土地的面积都正好等于 3360 平方英尺[①]。

其中一个三角形的直角边为 140 英尺与 48 英尺,斜边为 148 英尺;第二个三角形的直角边为 80 英尺与 84 英尺,斜边是 116 英尺。

假定第三个三角形的面积同其他两个三角形一样,而且其边长也是整数,你能否说出它的尺寸?

注意图中的三角形只是一种示意,并没有严格按比例来画。

---

① 英尺,英制长度单位。1 英尺约合 0.3048 米。3 英尺等于 1 码。——译者注

45. 瓜分投资

在布朗与琼斯两人合伙的老商行里,布朗投入的资本是琼斯的 1.5 倍,后来他们决定吸收鲁宾逊入伙,要他拿出 2500 美元的钱来投资。这笔钱要由布朗与琼斯两人来瓜分,瓜分原则是要使得三人的股份相等。他们该怎样分这 2500 美元?

46. 传令兵问题

　　此题很古老,许多旧的趣题书中都提到它。有一支大军,首尾长达 50 英里[①],大军以匀速向前推进时,一个传令兵从队伍的最后面,骑着快马向前疾驶,传达一个紧急命令。任务完成后,他马不停蹄,立即回到他的原来位置。说也正巧,他返回原位时,大军正好向前推进了 50 英里。试问:传令兵一共走了多少路?

　　如果这支部队停止不动,显然他向前走了 50 英里,又向后走了同样的距离,但由于大军在向前推进,因此他走到队伍前端肯定不止 50 英里,而返回时所走的路要比 50 英里少,因为队伍是朝着他迎面而来的。求解本题时,当

---

① 英里,英制长度单位。1 英里等于 1760 码,即 5280 英尺,约合 1.6093 千米。——译者注

然要假定传令兵始终是按匀速运动的。

　　更困难的问题来自上一问题的延伸。有一支庞大的、排成方阵的军队,长与宽都达 50 英里,以匀速向前推进 50 英里。一位传令兵开始出发时处在方阵后沿的中心位置上,他绕着整个队伍环行一圈,最后回到了出发点。假设传令兵的速度保持不变,他走完全部路程,返回原位时,这支部队也正好完成了推进 50 英里的任务。

　　试问:传令兵一共走了多少路?

47. 智者的趣题

　　珍妮是学校里最聪明的女孩,她给自己的同学乔出了一道题目。如下图所示,她在围墙上画了六个小圆之后,对他说道:"你看,现在能把三个小圆连成一线的直线只有两条。我要你擦掉一个小圆,把它画在别处,使得能把三个小圆连成一线的直线有四条。"

48. 杰克·斯普拉特

根据鹅妈妈①的教导,杰克·斯普拉特不能再吃肥肉,他老婆不能再吃瘦肉了。

他们两人在一起生活,可以用 60 天吃光一桶肥猪肉。如果让杰克单独吃,那么他要用 30 个星期才能完成任务。

两人在一起时,可用8个星期消耗掉一桶瘦猪肉,但若杰克老婆一人独吃,那么,少于 40 个星期是吃不光的。

假定杰克在有瘦肉供应时只吃瘦肉,而他老婆在有肥肉供应时只吃肥肉。试问:他们夫妻两人一起吃,把一桶一半是瘦肉、一半是肥肉的混合猪肉统统吃光,究竟要花费多少时间?

---

① 出自童谣集《鹅妈妈摇篮曲》(*Mother Goose's Melodies*),一个虚构的老婆婆,往往被描绘成鹰鼻子,尖下巴,骑在一只雄鹅的背上飞行。据说这本童谣集最早于1719年在美国波士顿由托马斯·弗利特(Thomas Fleet)印行,其中的歌谣来自他的岳母伊丽莎白·古斯(Elizabeth Goose),即鹅妈妈的原型。但这种说法被后人否定。现在一般认为这本集子最早是于1760年(一说1781年)在英国伦敦出版的,内容源于英国和法国的童谣。——译者注

49. 包工造屋

有人打算用包工的办法造房子。他发现,造这幢房子要支付的工钱是:

裱糊匠与油漆工	1100 美元
油漆工与水暖工	1700 美元
水暖工与电工	1100 美元
电工与木匠	3300 美元
木匠和泥水匠	5300 美元
泥水匠和油漆工	3200 美元

试问:每位师傅的要价是多少?

50. 瑞普·凡·温克尔的游戏

古代丹麦有一种滚球游戏，据说现代的保龄球就是从它演变而来的。这种游戏玩的时候，将 13 根木柱在地上站成一行，然后用一只球猛击其中一根木柱或相邻的两根木柱。由于击球者距离木柱极近，玩这种游戏无须什么特殊技巧，即可随心所欲地击倒任一木柱或相邻的两根木柱。比赛者轮流击球，谁击倒最后一根木柱，谁就是赢家。

同瑞普·凡·温克尔进行比赛的是一位身体矮小的山神，他刚刚击倒了第 2 号木柱。瑞普应该在 22 种可能性中作出抉择：要么击倒 12 根木柱中的一根，要么把球向 10 个空当中的任一个投去，以使一次同时击倒两根相邻的木柱。为了赢得这一局，瑞普应该怎么做才好？假定比赛双方都能随便击倒其中一根或相邻的一对木柱，而且双方都是足智多谋的游戏老手。

51. 五个报童

　　五个聪明的报童合伙卖报,他们按照下面的方式卖掉了他们的报纸。汤姆·史密斯卖掉了总数的四分之一再加上一张报纸,比利·琼斯卖掉的报纸是余下的四分之一再加上一张,内德·史密斯又卖掉余下报纸的四分之一再加一张,查利·琼斯再卖掉余下的四分之一再加一张。这时,史密斯家的孩子们比琼斯家的孩子们要多卖出100张报纸。这个小集团中的最年轻成员小吉米·琼斯现在把所有剩下的报纸统统卖光了。

　　琼斯家三个孩子卖出的报纸要比史密斯家两个孩子卖出的多。现在问你:究竟多卖出多少?

52. 煞费苦心的送奶人

　　一位煞费苦心的送奶人每天早晨在出发之前,都要把一个32 加仑①的牛奶桶盛满纯牛奶。他的客户分布于四条不同的街道,每条街道都要供应同样夸脱②数的牛奶。

　　第一条街的任务完成之后,他接上自来水龙头。瞧,又满到他的牛奶桶边上了!接着,他到第二条街去送牛奶,送完后,再回到自来水龙头处,如前次那样又把牛奶桶灌满。

　　他用这种办法为每条街道服务,每送完一条街道就用水把牛奶桶灌满,直到所有幸运的客户都被服务到为止。

　　如果所有的客户都供应完之后,桶中还剩下 40 夸脱又 1品脱③纯牛奶。试问:每条街道分到了多少纯牛奶?

---

① 加仑,英美制液量单位。1 加仑约合 4.5460 升(英)或者 3.785 升
　(美)。——译者注
② 夸脱,英美制液量单位。1 加仑等于 4 夸脱。——译者注
③ 品脱,英美制液量单位。1 夸脱等于 2 品脱。——译者注

53. 小丑贝波的问题

历史上记载着欧几里得曾经试图向托勒密国王说明怎样去分割一个圆。可是，他被这位脾气暴躁的国王打断了。国王怒气冲冲地说："我对这些沉闷的课程感到非常厌倦，再也不想去记这些愚蠢的规则了！"

于是，这位伟大的数学家答道："那就请陛下批准我辞去皇家教师的职务，因为除了傻瓜之外，没有人能知道学习数学有什么捷径可走。"

"对极了，欧几！"宫廷小丑贝波突然插话，他走到黑板前，"在我接手这个光荣职务的同时，我还想继续说明，伟大的数学原理可以用简单的幼儿园教学法来讲授，连娃娃们也能理解与记住。

哲学家们认为，在愉快中学到的东西永远不会忘记，但是知识不可能在木瓜脑袋中扎根。不能叫学生们死记硬背一些规则，一切东西都应当十分自然地去解释，以让孩子们用自己的语言来形成法则。只会讲解一些死规律的教书匠不过是鹦鹉的好先生而已！

如蒙陛下恩准，我现在就来解释圆的分割问题。为此，我想请教宫廷传令官汤米·里德尔斯：用一把小刀沿直线切 7 次，可以把一块圆形薄饼分成多少块？

另外，为了给达摩克利斯剑的故事[1]再增加一点教益，以使它成为永远抹不掉的终生记忆，我想追问一句：为什么这把利剑要做成弯曲的形状？

我那令人尊敬的前任给我们画出了第 47 号命题[2]的图解。他证明了斜边的平方等于两直角边的平方之和。我想请教这一命题的作者：要用多少根同样长度的横杆来围成一块直角三角形状的土地，如果三边中有一边为 47 根横杆长的话？"

（即求一整数边长的直角三角形，其中的一边之长为 47。——马丁·加德纳）

[1] 达摩克利斯是古代叙拉古国王狄奥尼修斯的谄臣。国王曾叫他坐在一把只用一根头发悬挂起来的利剑之下，告诉他做君王有多危险。后人就用"达摩克利斯剑"来比喻随时可能降临的危险。——译者注
[2] 这里"第47号命题"是指毕达哥拉斯定理，即勾股定理。欧几里得在他的《几何原本》中把这一定理列为第47号命题，并给出了它的一个图解证明。——译者注

54. 军校学生的测验题

下图中画着 10 艘战舰，它们排成了两列。当敌舰逼近时，有 4 艘战舰改变了位置，使舰队排出了 5 列，每列各有 4 艘战舰。

这是如何做到的？

做这道题目时，可以用 10 枚硬币来试验。

55. 活捉圣诞火鸡的游戏

这里有一个很好玩的游戏,它也是一个智力趣题。如下图,请把代表火鸡的棋子放在7号位置上,把代表农夫的棋子放在58号位置上。一人移动火鸡,另一人移动农夫,两人依次轮流移动。可以允许棋子在直线上任意行走,距离与方向均不受限制。然而,如果一方棋子停留在或穿越对方所控制的直线,它就算被抓住了。例如,若火鸡首先从 7 号位走到 52 号位,则农夫马上可以抓住它。倘若农夫先从 58 号位出发,走到 4 号位,那么火鸡可以在 12 号位抓住农夫,因为农夫穿越了火鸡控制的封锁线。游戏目的是要抓住你的对手。但无论谁先走,农夫总能抓到火鸡。试问:农夫要采取什么策略才能取胜?

第二个问题,走法同上面一样。开始时,火鸡在 7 号位,农夫在 58 号位,火鸡固定不动,要求农夫用 24 步抓到火鸡,并必须经过棋盘上的每一格。这是一个相当困难的问题。

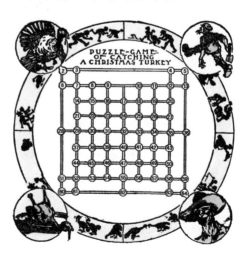

56. 刘易斯·卡罗尔的猴子爬绳趣题

　　这道力学怪题乍看非常简单，可是据说它却使刘易斯·卡罗尔[①]感到困惑。至于这道怪题是否由这位因《爱丽丝漫游奇境记》而闻名的牛津大学数学专家提出来的，那就不清楚了。总之，在一个不走运的时刻，他就下述问题征询人们的意见：

　　一根绳子穿过无摩擦力的滑轮,在其一端悬挂着一只 10 磅[2]重的砝码,绳子的另一端有只猴子,同砝码正好取得平衡。当猴子开始向上爬时,砝码将如何动作呢?

　　"真奇怪,"卡罗尔写道,"许多优秀的数学家给出了截然不同的答案。普赖斯认为砝码将向上升,而且速度越来越快。克利夫顿(还有哈考特)则认为,砝码将以与猴子一样的速度向上升起,然而桑普森却说,砝码将会向下降!"

　　一位杰出的机械工程师说"这不会比苍蝇在绳子上爬更起作用",而一位科学家却认为"砝码的上升或下降将取决于猴子吃苹果速度的倒数",然而还得从中求出猴子尾巴的平方根。严肃地说,这道题目非常有趣,值得认真推敲。它很能说明趣题与力学问题之间的紧密联系。

　　(为了使问题的提法更加准确,可以假定绳索与滑轮本身没有重量,也没有摩擦力。——马丁·加德纳)

----

① 刘易斯·卡罗尔(Lewis Carroll),真名 C.L. 道奇森(C.L.Dodgson, 1832—1898),英国牛津大学基督教学院数学讲师,虽在数学上并无令人注意的成就,但他在儿童文学创作和趣题及智力游戏方面的杰出才华,使他名垂青史。——译者注
② 磅,英制重量单位。1 磅约合 0.4536 千克。——译者注

57. 卖不出去的帽子

　　由于帽子以20美元一顶的价钱卖不出去,男士服饰店老板决定把价钱降到8美元一顶。但还是没有人要,因而他不得不再一次降价,降到3.20美元一顶,最后又降到1.28美元。要是下一次再降价,这位老板就只好按成本价出售了。假定他是在按照一种规律在降价,你能否告诉我,下一次将降到什么价钱?

58. 市内购物

　　鲁本叔叔同辛西娅婶婶到市里买东西。鲁本买了一套衣服、一顶帽子，用去15美元。辛西娅买了顶帽子，她所花的钱同鲁本买衣服的钱一样多。然后她买了一件新衣，把他们的余钱统统用光。

　　回家途中，辛西娅要鲁本注意，他的帽子要比她的衣服贵1美元。然后她说道："如果我们把买帽子的钱另作安排，去买进另外的帽子，使我的帽子钱是你买帽子钱的1.5倍，那么我们两人所花的钱就一样多了。"

　　鲁本叔叔说："在那种情况下，我的帽子要值多少钱呢？"

　　你能回答鲁本的问题吗？还要告诉我：这对夫妻一共花了多少钱？

59. 希腊十字架问题

图中那只巨大的复活节彩蛋上有一个希腊十字架,从它引发出许多有趣的切割问题,下面是其中的三个:

(1)将十字架图形分成四块,用它们拼成一个正方形;

(2)将十字架图形分成三块,用它们拼成一个菱形;

(3)将十字架图形分成三块,用它们拼成一个矩形,要求其长是宽的两倍。

60. 巡警问题

　　警察克兰西从上任那天起,这项任务就使他伤透脑筋。原来,克兰西担任着图中 49 座房屋的巡逻任务,路线的起讫点就是图上警棍所指的地方。命令规定,他在每次转弯之前所经过的任何大街小巷的一侧房屋数目,都必须是奇数,而且,同一段路线不得重复通过。

　　图中的虚线表示他一直在执行的巡逻路线。这条路线经过28座房屋,图中已用淡黄色标出。你能不能帮助克兰西找到一条路线,既满足命令要求,又能使所经过房屋的数目尽可能的大? 当然,同前面的路线一样,起讫点还是应该落在警棍所指的地方。

61. 亨利·乔治的趣题

　　在我们这个时代,那些因克服创业之难、披荆斩棘取得成功而著名的伟大人物中,已故的亨利·乔治①是当之无愧的。以他对税收制度的深刻研究,这位《进步与贫困》(*Progress and Poverty*)的作者对他所研究的课题了如指掌,因而在论战中绝对是无懈可击的。我们时常讨论关于单一税制的问题,我终于确信没有人能有资格继承他的衣钵。

有一段时间,我们几乎每天都在新闻俱乐部碰头,乔治先生一直用他的政治经济学上的重大问题来难我,而我便用我的这道趣题予以反击。它由人们熟悉的在一个多角星上布放棋子的趣题改编而成的。

题目要求在上页图中的 13 个点上放进 12 枚棋子,每枚棋子必须首先放在空点上,然后沿着两条线段中的任一条移到另一空点上并一直留在那里。譬如说,你可以先把第一枚棋子放在 2 号点上,然后把这枚棋子移到 4 号点或 13 号点。一枚棋子一旦移动过之后,它就不能再动,而别的棋子(在移动之前或之后)也不能放到已经被一枚棋子所占据的位置上。

在你已经掌握了把所有 12 枚棋子放到该图形上的要领之后,你就可以去尝试求解问题的第二部分,也是更加困难的部分。挑选一个由 12 个字母组成的英语单词,在每枚棋子上书写一个字母,然后按照常规,从单词的第一个字母开始顺序把棋子放到该图形上,要求在字母都放到图形上之后,你沿着图形按顺时针方向读过去时,能够正确地拼出这一单词。

亨利·乔治对此趣题大感兴趣,他用模棱两可的话来恭维我,说它是"我发明的最奥妙的东西"。你能否找到一个很好的、由 12 个字母组成的英语单词来满足这些要求呢?

---

① 亨利·乔治(Henry George,1839—1897),美国土地改革论者和经济学家。——译者注

62. 比萨斜塔问题

THE
LEANING
TOWER
~OF~
PISA
A classical
puzzle
BY
SAM LOYD.

如图所示，一只弹性小球从距离地面 179 英尺高的比萨斜塔上落下来。如果每次反弹起来的高度等于前一次的 $\frac{1}{10}$，试问：它在静止以前，总共弹跳了多少距离？

63. 杂货店问题

　　杂货店老板是个半路出家的趣题爱好者,他故意在黑板上用字母代表数码,来测试一下他的数学爱好者朋友,看看他们有没有本事正确翻译出来。下图中,不同的字母代表不同的数码。那条水平线上面的各个单词所代表的数字相加之后,其和等于 ALL WOOL(全羊毛制品)。本题要求你正确地把所有的字母变为数码。

　　可以略为提示一下:老板的翻译码本基于两个关键词,每个词由五个字母组成。他只要把一个词写在另一个词后面,然后按顺序给每个字母标上所代表的数码,从 1 到 9,最后那个字母标上 0,那就行了。

64. 杰克与吉尔

　　有一个鹅妈妈的小问题。杰克与吉尔在一座高为 440 码的小山上跑上跑下。杰克先到山顶，然后立即下山，在距山顶 20 码的地方碰到吉尔。他跑到山脚下时比吉尔跑到山脚下要早半分钟。把事情搞得更为复杂的是，这两位赛跑者的下山速度都是上山速度的 1.5 倍。题目要求算出杰克用多少时间走完了这880 码（正好半英里）。

65. 得克萨斯州的牲口贩子

得克萨斯州的3个贩子在公路上碰头,打算进行下述的物物交换。

汉克对吉姆说:"我用 6 头猪换你 1 匹马,那么你的牲口数将是我所有牲口数的 2 倍。"

杜克对汉克说:"我用 14 只羊换你 1 匹马,那么你的牲口数将是我的 3 倍。"

吉姆对杜克说:"我用 4 头牛换你 1 匹马,那么你的牲口数将是我的 6 倍。"

了解了这些有趣事实之后,你能不能说出他们三人各有多少头牲口?

66. 婆罗洲的野人

国王帕兹尔佩特正在同来自婆罗洲的野人掷骰子赌博。先向空中抛掷一枚骰子，骰子落定后掷骰子者把骰子顶面上的数字同四个侧面中任何一面上的数字相加，其和就是他的得分；然后他的对手把其他三个侧面上的数字相加，其和成为他的得分。骰子底面上的数字不予考虑。这种游戏简单至极，但数学家无法判定是掷骰子者有利还是他的对手有利。图中野人正在掷骰子，结果是国王赢了他五分。题目要求你说出掷出的骰子顶面上是几点。

伊妮格玛公主对野人的得分做了记录，这个数字如果按婆罗洲野人的记法看上去还要大得多。我们知道，婆罗洲野人每只手上只有三根手指，所以他们用的六进制，从来不用我们十进制中的7、8、9、10。作为初等算术中的一个题目，希望读者将 109 778 转换为六进制以使野人知道他到底赢得了多少金币。

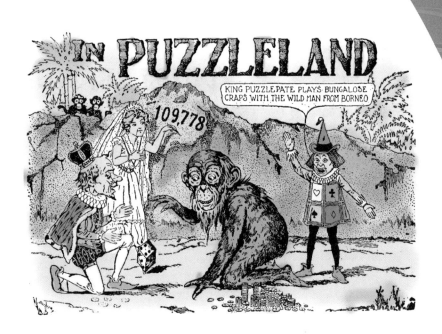

67. 哥伦布用鸡蛋玩的把戏

　　小汤米要大家注意一下哥伦布给国王帕兹尔佩特出的两道鸡蛋趣题。第一道题目要求把 9 只鸡蛋放在桌子上,使得能把 3 只鸡蛋连成一线的直线越多越好。国王弄出了 8 条这样的直线,如下图所示。然而老母鸡声称任何一只机灵的小鸡都会比国王干得更好!

　　滑稽可笑的老国王现在着手解答第二个问题,这道题目要求画出一条由最少线段连成的连续折线,通过所有鸡蛋的中心。国王画出了一条由 6 个线段组成的折线,但是从汤米的表情来看,这是一个极其拙劣的解答。这里有一个小把戏,至少与把鸡蛋竖放同样巧妙。而那个竖鸡蛋的把戏(用一只熟透的鸡蛋)使这位伟大的航海家银铛入狱[1]。

----

　　① 哥伦布确实曾被西班牙王朝派出的官员投入监狱,但似乎不是因为他的那个竖鸡蛋把戏。——译者注

68. 伤脑筋的天平

69. 吊床问题

我们画了一张粗制滥造的吊床。你由上往下剪,至少要剪断几根绳索,才能把这吊床一分为二?剪绳索时,必须在绳段上下刀,不准剪绳结。

70. 调车问题

那时铁路事业尚属摇篮时代,还没有引入复线、转车台与自动转辙器。根据回忆录的记载,下面的问题在当时颇有实用价值。提供我素材的那位好心女士说,"当年"她确曾有过亲身经历。

这故事用她自己的话来说,就是"当我们到达那个常有列车经过的调车站时,看到那列特别快车瘫在那里。列车长告诉我,大烟囱太热了,而该处又缺乏水源,没有办法使蒸汽机正常运转"。

下页插图画出了那列特别快车与它的大烟囱。正在这时,另一列从韦巴克开来的火车逐渐逼近。必须想出一个办法,使它通过抛锚的快车。

图中那四段分别标有 A、B、C、D 记号的铁道只能容纳一节车厢或一节机车。当然损坏的机车已经不能依靠本身的力量来开动,而必须像普通车厢一样,被别的机车或推或拉。普通车厢可以单独被推拉,也可以好多节连起来一起被推拉。牵引的机车可以用其前端拉车,就像平时用其后端拉车那样。

问题要求我们用最有效的办法,让从韦巴克开来的列车通

过抛锚车子,而在它开过去之后,抛锚车子要完全按照老样子停放在铁路线上,朝向也不改变。所谓最有效的办法,我们的意思是指来自韦巴克的机车需要转换运动方向的次数为最小。

在解决这个趣题时,可把铁轨画在纸上,再用厚纸板剪出一些筹码,代表机车与普通车厢。

71. 有多少只小鸡

　　农夫琼斯对他老婆说:"喂,玛丽亚,如果照我的办法,卖掉75只小鸡,那么咱们的鸡饲料能够多维持20天。然而,假使照你的建议,再买进100只小鸡的话,那么鸡饲料将少维持15天。"

　　"啊,亲爱的,"她答道,"那我们现在有多少只小鸡呢?"

　　问题就在这里了,他们究竟有多少只小鸡?

72. 流浪艺人的儿子汤姆

据鹅妈妈说,吹风笛的民间艺人有个儿子叫汤姆,他偷了一只猪,可是顽皮的小猪逃走了。汤姆开始追猪时,他正位于小猪正南方 250 码的地点。人与猪同时奔跑,而且都以匀速前进。小猪一路向东逃跑,可是汤姆却不取东北方向追赶,而是每时每刻都正对着小猪追赶。

假设汤姆的速度是小猪速度的 $1\frac{1}{3}$ 倍,试问:他在抓住小猪之前,究竟跑了多少路?解决这类问题的方法虽然属于初等数学范畴,但对绝大多数趣题爱好者来说,却颇有新意。

73. 油与醋的问题

下图中那些桶要么装着油,要么装着醋。1 加仑油的价钱是 1 加仑醋的 2 倍。一位买主除留下一桶外全部买走。他在买这些油和醋时各付出了 14 美元。

试问:留下来的是哪一桶?

74. 红十字会志愿者问题

有三个同希腊十字架有关的剪拼问题,所谓希腊十字架,就是由五个正方形拼成的,你们在图中红十字会救护车侧面上所看到的图形。图中几位红十字会志愿人员正预备裁剪红色的法兰绒,为护士们做红十字臂章,但是由于法兰绒的供应十分紧张,她们的工作必须小心翼翼,不能有丝毫浪费。在她们

的工作过程中,出现了如下三个问题。

（1）把一个正方形分成五块,然后拼成两个同样大小的希腊十字架,不能浪费材料。

（2）把一个正方形分为五块,将它们拼成两个大小不一样的希腊十字架。

（3）把一个希腊十字架分为五块,然后将它们拼成两个较小的、同样大小的希腊十字架。在剪拼希腊十字架的趣题中,这是最美妙的问题之一。

75. 抹掉的数码

中国人掌握数字的本领令人佩服。图中那位行家叫我随便写出两个数字,但只能使用 0 、1 、2 、3 、4 、5 、6 、7 、8 、9 这十个数码。譬如说,我可以写出:

342195

6087

每个数码都要用到,但只能用一次。然后他叫我把这两个数字相加起来,又把被加数和加数统统抹掉。最后,我可以把答数中的任何一个数码抹掉。这位行家只要对答数瞥上一眼,就能说出抹掉的那个数码。

图中的石板上写着我的答数,请你把抹掉的数码予以还原,并且解释一下,这位中国数学家何以能如此快速地把它猜出来。

76. 鹅与火鸡

　　奥弗莱厄蒂太太用每磅 24 美分的价格买进一些火鸡, 又用每磅 18 美分的价格买进同样质量的鹅。史密斯太太对她说, 如果她按照《寄膳公寓住户须知》里的指示办事, 她还可以多赚到 2 磅。《须知》中的教导是："为了庆祝圣诞节, 在火鸡与鹅这两样东西上用钱应当一半对一半。"

　　这位太太买进这些火鸡与鹅的总价是多少?

77. 在趣题国里做生意

在趣题国里,所有的商品交易都是以有趣的数学问题为基础的。举例来说,老农琼斯用下列方式卖掉了他的甜瓜。

他卖给第一位顾客的正好是他所有甜瓜的 $\frac{1}{2}$ 再加上 $\frac{1}{2}$ 只甜瓜;而第二位顾客买走了余下甜瓜的 $\frac{1}{3}$,再加上 $\frac{1}{3}$ 只甜瓜;再下一位顾客买下了剩下甜瓜的 $\frac{1}{4}$,再加上 $\frac{1}{4}$ 只甜瓜。然后琼斯又卖掉了剩下甜瓜的 $\frac{1}{5}$,再加上 $\frac{1}{5}$ 只甜瓜。以上这些甜瓜都是以一美元 12 只的价格卖掉的。最后,这位老瓜农把剩下的全

部甜瓜按一美元 13 只的价格统统卖光。

假定开始时这位老瓜农所拥有的甜瓜不到1000只。试问：他把这批甜瓜总共卖了多少钱？

左页图中右边的这位小孩正在用西瓜堆金字塔,他打算堆出两个适当大小的三角形金字塔(即底面与侧面都是正三角形的正三棱锥),而堆出这样两个金字塔的所有西瓜正好可以堆成一个更大的三角形金字塔,一只西瓜都不剩下。试问:他的金字塔大小如何？

(萨姆·劳埃德对于这个用西瓜堆金字塔的问题没有给出答案。他也许是搞错了,因为图上那个农家孩子显然是在用西瓜堆一个底面为正方形的金字塔(即四棱锥)。如果劳埃德的意图是要求出合并起来能堆成一个四棱锥的两个三棱锥的大小,那么解法是容易的。边长为连续自然数的任意两个正三棱锥可以合并起来堆成一个四棱锥。例如,一个由4只西瓜堆成的三棱锥和一个由10只西瓜堆成的三棱锥——其边长分别为2与3——合并起来之后,便可以堆成一个由14只西瓜组成的金字塔,其底面为9只西瓜所形成的正方形。

如果劳埃德没有把问题叙述错的话,则最简单的答案是：两个三角形金字塔,每个都由10只西瓜堆成,合并起来是20只西瓜,就可以堆成一个更大的三角形金字塔。如果劳埃德的本意是那两小堆西瓜的西瓜数不能相同,那么最简单的答案又将如何？——马丁·加德纳)

78. 罗斯林勋爵赌博法

两个小伙子，身上带着同样多的钱，打算在赛马中采用罗斯林勋爵赌博法，即把赌注压在最孬的马身上，而且押下的赌金等于赌博公司开出的这匹马对 1 美元的赔率。

吉姆把赌注压在劣马科希努尔身上，赌它会赢得第一，而杰克则认为它可得第二，于是他们根据不同的赔率押下了不同的赌注，尽管这两笔赌注相加起来花去了他们所带赌金之和的一半。

结果，他们居然都赢了。赢了钱后，吉姆身上的钱现在是杰克的 2 倍了。

注意赌注必须是以整美元下的（不准有几角几分等零钱），你能否猜出他们各赢了多少钱？

79. 派克镇有多远

有一位英国旅行家来到被称为"荒蛮之地"的美国西部,在一家旅馆里住下。

一天,这位旅行家想离开旅馆去派克镇,于是就向人打听这路怎么走。

旅馆里的人告诉他,如果他要从此地出发到派克镇去,那只有一条道路可走。但顺着这条路,他既可以乘坐公共马车,也可以步行,也可以将两者结合进行。综合起来,有以下四种不同的方案可以采用。

1. 他可以全程乘坐马车。但马车要在某个途中小屋停留30分钟。

2. 他可以全程步行。如果他在马车驶离旅馆的同时开始出发步行,那么当马车到达派克镇的时候,他还有 1 英里的路程要走。

3. 他可以先步行到达那个途中小屋,然后再乘坐马车。如果他与马车同时离开旅馆,那么当他步行了 4 英里的路程时,马车已经到达那途中小屋。但是因为马车要停留 30 分钟,所以当马车正要离开小屋时他刚好赶上,于是他就可以坐上马车,前往派克镇。

4. 他可以先乘坐马车,到达那途中小屋之后,其余的路程再步行。这是最快的方案,他可以比马车提前一刻钟到达派克镇。

根据以上信息,你是否能说出,从那家旅馆到派克镇究竟有多少路程?

80. 太极图问题

　　太极图,这个伟大的中国道教符号被美国大北太平洋铁路公司作为正式商标而采用了。在该公司的货车、债券、股票、广告以及列车时刻表上到处可见到它的踪影。

　　在1893年芝加哥世界博览会上,总工程师亨利·麦克亨利在朝鲜王国[1]国旗上看到太极图之后,极为欣赏,于是极力说服大北太平洋公司将它作为标志。

　　关于这个符号,我听到的最有趣的故事是著名棒球制造商P.H.泰伊先生告诉我的,他从太极图的形状得到启发,想出了两件套的棒球套子。

对此符号已经写出了好几本著作,东方学者们也有种种解释。这些解释往往同东方神秘主义混杂在一起,又讲到自然界普遍存在的阴阳学说,以及"无极而太极"的道家理论,使读者如堕五里雾中,十分玄虚,莫名其妙。

有位作者认为太极图中可能隐藏着深奥的数学道理,他还引证了中国古籍里的话:"无极生太极,太极生两仪,两仪生四象,四象生八卦。"这话是在三千多年以前写下的。它对于以下三道趣题也有所启发。

(1)对年轻人来说,这是一道十分容易的趣题。要求用一条连续曲线把太极图中的黑、白两部分(分别为所谓的"阴"与"阳")进行分割,从而把整个圆分成大小和形状完全相同的四块。

(2)用一根直线划分阴、阳,使它们都被分成面积相等的两部分。

(3)将下图所示的两块马蹄形(一块是白的,另一块则覆有阴影线)中的每一块一分为二,使分下来的四块东西能拼成一个太极图。

---

① 当时朝鲜半岛是个统一的独立国家,称为朝鲜王国。——译者注

81. 三个乞丐

一位大发善心的贵妇人在路上遇到一个穷光蛋,她把钱袋里的一半钱再加上 1 美分给了他。这家伙是美国基督教组织托钵僧协会的一名成员,他一面道谢,一面在贵妇人的衣服上用粉笔作了一个他们组织所规定的标记,意思是"一个好东西"。这样一来,她一路上就遇到许多要她施舍的人。

对于第二名乞讨者,她把剩下钱的一半再另外加上 2 美分给了他。而对第三名乞讨者,她把剩下钱的一半外加 3 美分给了他。这样一来,她现在身边只剩下 1 美分了。

试问:开始时,她口袋里有多少钱?

82. 令人迷惑的胡说八道

有两个孩子,日子过得糊里糊涂,弄不清楚今天是星期几了,于是停在上学的路上,想把事情弄清楚。

"当后天变成昨天的时候,"普里西拉说道,"那么'今天'距离星期天的日子,将和当前天变成明天时的那个'今天'距离星期天的日子相同。"

试问:这些胡说八道发生在星期几?

83. 桃、梨、柿、洋李的问题

我认识一位脾气古怪的老园丁，他正在按照一种秘密的规则进行果树栽培实验，因而除了他自己以外，无人得知他的那几类果树幼株在果园里的确切位置。对此，他辩解说，因为他正在进行一种嫁接实验，所以不愿让来访者甚至他的雇工接触到他的秘密。

最近我看到他正在其宅旁的园地中种植 60 株树苗，如下图所示。这 60 株苗木就是所谓的榅桲树砧木，在它上面可以

嫁接各式各样的果树。老头子
有一套老规矩,他总是把同一
类的 10 株果树嫁接得能形成
5 条直线,每条直线上 4 棵树。于是
他问我:是不是可能使 4 类果树——
梨、桃、柿与洋李都能满足这一规矩。我感到,问
题虽小,却是很有意思。

解决此题的一个便捷办法,是在一张较大的纸上画
出 8×8 国际象棋棋盘,然后去掉下面的四格(园丁的家就
在那里)。可以用扑克牌的4种花色分别代表 4 类果树,
每种花色的牌 10 张,共 40 张。现在要求你把它们放到
棋盘上的 60 个方格内,使每种花色的牌形成 5 条直线,
而每条直线上有这种花色的牌 4 张。当然,一个方格只
好放上一张牌。

84. 白铁匠的问题

下图中的白铁匠刚刚做好一只平底水桶,深为 12 英寸[①],可以盛放 25 加仑水。

如果水桶顶面的直径为底面直径的 2 倍,我们的数学家中,有几位能说出它的顶面直径呢?

---

① 英寸,英制长度单位。1 英寸约合 2.54 厘米,12 英寸等于 1 英尺。——译者注

$85.$ 菲多几岁了

查利·斯洛波普正打算向他的女朋友求婚,她的弟弟牵着小狗菲多走进了客厅。

这位厉害的公子叫道:"5年以前,我姐姐的年龄是菲多年龄的5倍,而现在她的岁数只相当于菲多岁数的3倍!"

查利·斯洛波普非常想知道菲多的年龄,你能帮助他吗?

86. 朗费罗的蜜蜂

美国大诗人朗费罗[1]在他的小说《卡瓦纳》(*Kavanagh*)中，从古老的印度梵文中引进了几则巧妙的数学趣题，下面便是其中之一：

"有一群蜜蜂，其中 $\frac{1}{5}$ 落在杜鹃花[2]上，$\frac{1}{3}$ 落在栀子花上，数目为这两者差数 3 倍的蜜蜂飞向一个树枝搭成的棚架，最后只剩下一只小蜜蜂在芳香的茉莉花和玉兰花之间飞来飞去。试问：共有多少只蜜蜂？"

---

① 朗费罗(H.W.Longfellow, 1807—1882)，19 世纪最著名的美国诗人。——译者注

② 原文中的这些花名用了 ladamba、slandbara、ketaki、malati 等单词，它们在多种英语大辞典(甚至牛津辞典)中均查不出。因其出自印度梵文，今根据苏联著名数学家奇斯佳科夫(В.Д.Чистяков)的《古代初等数学名题集》译出。原为俄文，奇氏精通梵文，为世界数学史界的权威人士。——译者注

87. 木匠的趣题

　　木匠拿出一根雕刻木柱,并且说道:""伦敦城内住着一位精通占星术和其他奇怪技艺的学者。几天前他带给我一块木头,3英尺长,1英尺宽,1英尺厚,要求把它雕刻成你们现在所看到的柱。他还答应对于因雕刻而削掉的每立方英寸木料给予一定的报酬。

　　于是我首先称了木块的质量,发现它实实在在重三十磅,而现在这根木柱只重二十磅。因此我事实上把这块三立方英尺的木块削掉了一立方英尺(即三分之一),然而这位学者却认为按照质量付酬是不公平的,因为这木块的中心部分可能比它的外围部分更重,或者可能更轻。那么要说明到底削去多少木料,我怎样做才能轻而易举地令学者满意呢?"初看起来,这好像是一个困难的问题,但是它简单得如此出奇,以至于木匠所用方法在今天应该让人人都知道,因为这是一个很有用的小"点子"。

88. 一百周年庆祝问题

在 1876 年费城举行美国建国一百周年庆祝活动时，我设计了一个小小的算术游戏，引起了人们的注意。问题是要适当安排 10 个数码与 4 个小数点，使它们所形成的数相加之后正好等于 100 。

（不准使用别的数学符号，但是，小数点既可表示小数，也可写在数码之上以表示循环小数，譬如 0.1̇ 是说其小数部分是一串无休无止的 1。当然，此数等于 $\frac{1}{9}$。——马丁·加德纳）

89. 花园里的猪

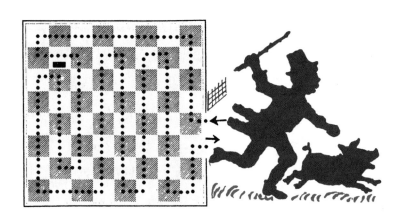

　　篱笆门敞开着,一头猪从画着箭头的格子乘虚而入,它踏遍了花园的每一个方格,转弯时只走直角,最后从敞开的篱笆门旁的白方格逃走了。这头猪总共转了 20 个直角弯子。

　　本题要求得出少转弯子的其他走法,猪还是要从图中那两个黑白方格里进出,跑遍每个格子,只准直角转弯,而且不允许穿越花园左上角部位那道用黑色长方块表示的栅栏。

90. 船上打牌

在乘坐汽船"探索"号外出旅行时,我用打牌做消遣。第一局,我输给了 D 男爵与 C 伯爵,他们每人的钱数都翻了一番。

第二局,我与男爵赢了,从而我们手中的钱都翻了倍,最后,伯爵同我赢了第三局,又使我们的钱翻了一倍。每位局中人都赢了两局而输掉一局,最后三人手中的钱完全相等。

最后我发现自己输掉 100 美元,试问:在赌博开始时,我手上有多少钱?

91. 检查员的问题

度量衡检查员琼斯的职责是检查现在市场上正在使用的天平是否准确。现在他查到了一台怪天平,它的一臂比另一臂要长些,但是两只秤盘的不同质量使天平保持了平衡(你不能够根据下图作出判断,因为作为一名趣题设计者,我有资格把它画得使你看不出什么破绽)。

检查员把 3 只角锥形砝码放在较长一臂的秤盘上,把 8 只立方体砝码放在较短一臂的秤盘上,它们居然平衡了! 可是当

他把 1 只立方体砝码放在长臂的一端,它也居然同短臂那端的 6 只角锥砝码平衡! 假定角锥砝码的质量为 1 盎司[①],试问: 1 只立方体砝码的真正质量是多少?

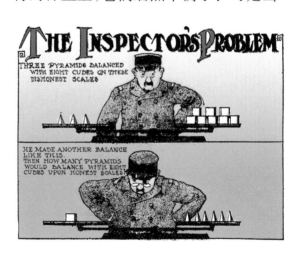

① 盎司,英制质量单位。1 盎司约合 28.3495 克,16 盎司等于 1 磅。——译者注

92. 布置岗哨

下图所示的是一个军事战术方面的小小怪题,它可以在有 64 个方格的国际象棋棋盘上进行演习。题目要求我们将 16 枚棋子布置在棋盘上,但是在纵向、横向和对角线方向的每列方格上不得同时有两枚以上的棋子。另外还有一个补充规定:头两枚棋子必须安排在棋盘中央那四个方格的两格之中。

如果我们把棋子看作士兵,并把他们在阵地上如此布置,那么,来自任何一个方向的子弹都不可能一次击毙两名以上的士兵。这是一个巧妙而有趣的问题,有点类似于著名的八王后问题,即在国际象棋棋盘上布置八个"王后",使她们和平共处,互不侵犯①。

---

① 即著名的高斯八王后问题,许多计算机教科书上都有介绍。此问题共有 **92** 个解,即有 **92** 种本质上不同的布置方法。所谓本质上不同,是指各种布置方法之间不能通过简单的旋转、反射等手段相互变换。——译者注

93. 化卐为方

将下图所示的卐[1]字形分割成四块,然后拼出一个正方形来。

---

① 卐(读音为"万")字形是一种古老的佛教图案,在寺院里几乎处处可见,有吉祥、如意、正信、正觉等意义。至于希特勒的纳粹党标志,则为卍,不能混淆。但本问题的图案,与它们都略有差异。——译者注

94. 雏菊游戏

那是 1865 年盛夏,我跟随一个旅行团在瑞士阿尔卑斯山区从阿尔特多夫到弗吕伦一带踏雪览胜。途中,我们遇到了一位正在采集雏菊的农村小姑娘。为了逗这个孩子,我教她怎样通过采摘花瓣来预卜她未来的婚姻,她的丈夫将是何许人物:富人、穷人、叫花子,还是贼骨头?她说,乡下姑娘们早就懂得这种游戏了,但是游戏规则略有不同:这个游戏要由两个人玩,每人轮流自由地摘一片花瓣或者两片相邻的花瓣。游戏按照这种办法继续进行,直到最后的花瓣被一人摘取为止,此人就是获胜者。留下光秃秃的称为"老处女"的基干给对方,后者便是游戏的输家。

使我们大为惊讶的是,年龄不大可能超过 10 岁的小姑娘格雷岑居然挫败了我们整个旅行团,每场游戏不论谁先摘谁后摘总是她赢。在返回卢塞恩的路上,我一直吃不透其中的奥妙。我遭到了整个旅行团的取笑,于是我不得不下定决心去研究这个游戏。

顺便讲一讲,数年以后,我回到阿尔特多夫旧地重游。我希望能看到格雷岑已长成一个有着非凡数学才华的漂亮姑娘,这无疑会增加这个故事的浪漫气息。我也将为此感到无比的快乐。

毫无疑问,我肯定是看到了她的,因为全村妇女都已走出家门,忙于播种秋收作物。她们都长得成熟而丰满,看上去几乎都一样。于是我恍惚看到了以前曾经邂逅的朋友,她正同一头牛一起拉着犁,在她高贵的丈夫指挥之下耕着地。

下图中给出了一朵有着 13 片花瓣的雏菊,两人可以轮流在花瓣上做一点小小的标记,每次可在一片花瓣或相邻的两片花瓣上做记号。谁最后做记号谁就是赢家,对方只得收下"老处女"。

我们的趣题爱好者能否说出谁将在这游戏中一定取胜,先手还是后手? 要取得胜利他应采取什么样的策略?

95. 神箭手问题

对图中这只靶子,需要射多少支箭,才能使总分正好等于 100 分?

96. 失望的乞讨者

　　有一位贵妇人,每星期都要对一些穷人进行施舍。一天,她暗示这些穷人,如果伸手要钱的人能减少 5 名,那么每人就可以多得 2 美元。于是每个人尽力劝说别人走开。然而,在下一次碰头时,非但一人不少,还新来了 4 个乞讨者。结果,他们每人都少拿了 1 美元。

　　假定这位贵妇人每星期都布施同样数量的金钱,你能否猜出这笔钱到底有多少?

97. 美惠女神与缪斯

古希腊流传下来的关于美惠女神与缪斯[①]分享她们的金苹果与鲜花的故事片段,被认为是由不同时期的许多作家共同完成的。尽管人们知道荷马[②]远在好多世纪以前就歌颂了宙斯[③]的这些持有玫瑰花与金苹果的女儿了,但其中的数学特征则来自欧几里得与阿基米德[④]。

如果我用原来的希腊文写出故事,也许对我们的趣题爱好者来说意思更会清晰些,可惜手头没有,而且我们的一副希腊文铅字也有点残缺不全,因此我只能给出其译文,当然要尽量保持原有的文字风格,它同一般趣题书上经常可以翻查得到的、毫无意思的译文是有着很大差异的。

三位美惠女神在奥林匹亚山

仙家庭园里的林荫中散步,

采摘的花朵异香扑鼻,五彩缤纷,

粉红、白、蓝,还有大红,无奇不有。

她们邂逅九位缪斯,

后者拿着甜美的金苹果。

女神们赠送了玫瑰花,

缪斯们也以金苹果回赠。

结果她们手中的东西完全一样,

故事就是如此叙述。

倘若仙女们拿到的花果数目一样,

请你告诉我她们每人拿到的数量!

为了把故事讲得更清楚起见,让我们假定每位美惠女神手中都执持着四种不同颜色(粉红、白、大红、蓝)的玫瑰花,她们遇到了九位拿着金苹果的缪斯神女。每位女神都送了一些玫瑰花给每位缪斯,而后者又给女神们回赠了一些金苹果。

互换礼品后,所有的仙女每人手中都拿着同样数量的金苹果和同样数量的红、白、蓝、粉红色的玫瑰花。不仅如此,每人手中金苹果的数量也正好等于手中玫瑰花的数量。

试问:满足这些条件的金苹果与玫瑰花,至少应该是多少?

① 美惠女神是希腊神话中赐人美丽、智慧与欢乐的三位女神;缪斯则是掌管文艺、音乐、天文等的九位女神。——译者注

② 荷马(Homer),相传为约公元前9至8世纪的古希腊盲诗人,古希腊两大史诗《伊利亚特》和《奥德赛》的编订者。——译者注

③ 希腊神话中的天神,相当于我国神话中的玉皇大帝。——译者注

④ 阿基米德(Archimedes,公元前287—前212),古希腊著名学者,物理学中的杠杆定律和浮力定律的发现者。——译者注

98. 男孩几岁了

"这男孩有几岁了?"售票员问道。

竟然有人对他的家庭事务深感兴趣,这真使那乡下人受宠若惊,他得意地回答:

"我儿子的年纪是我女儿年纪的 5 倍,我老婆的岁数是我儿子岁数的 5 倍,我的年龄为我老婆年龄的 2 倍,把我们的年龄统统加到一起,正好是祖母的年龄,今天她正要庆祝 81 岁生日。"

试问:那男孩有几岁了?

99. 红香蕉

"这是怎么回事呀?"奥尼尔太太对很有数学头脑的警察克兰西说,"我用每串 30 美分的价钱买了几串黄香蕉,又用每串 40 美分的价钱买了同样数量的红香蕉。但是,如果我把钱平均分配,分别购买香蕉时,前者却比后者少了 2 串,真是一桩怪事呢!"

"你一共花了多少钱?"克兰西问道。

"我正要你告诉我啊!"奥尼尔太太回答。

100. 伊索之鹰

在著名的伊索寓言里讲到一则故事:一只野心勃勃的老鹰妄图飞往太阳。每天早上,太阳从东方升起时,老鹰就向它飞去,一直飞到正午。然后,当太阳开始西移时,老鹰就把方向逆转往西飞去。就这样继续进行它的毫无希望的追逐。说也奇怪,正当太阳在西方地平线上消失时,老鹰发现它自己正好回到了原来的出发点。

故事很有意思,不过伊索的计算本领糟糕透顶,在老鹰的上午飞行中,它同太阳是面对面地互相逼近的,然而在午后的飞行中,老鹰同太阳是在按照同一方向运动,很明显,下午的飞行路程比较长一点。这样,老鹰每天都在往西移动。

让我们设想老鹰开始时从美国首都华盛顿市国会大厦的圆穹门起飞,在该处,地球的周长大约是 19 500 英里,老鹰在地球表面上的飞行高度与飞行距离相比实际上没有多大影响,可以忽略不计。每天日落西山时,它将飞到早上起飞地点西方 500 英里之处。

试问:当老鹰从国会大厦开始起飞时算起,到它向西绕行地球整整一周为止,一共经历了几天?(每天以 24 小时计算。)

101. 所罗门王印记之谜

　　小汤米·里德尔斯宣称,国王帕兹尔佩特和公主伊妮格玛正在研究所罗门王①那著名印记的奥秘,这个印记刻在皇陵的墓碑上。国王想点数一下,这个图案中究竟可以找到多少个不同的等边三角形。

　　请你猜猜看,到底有多少个?

---

① 所罗门王(King Solomon,活动时期约公元前10世纪中叶),古代以色列最伟大的国王。——译者注

102. 布卢姆加滕教授与和平会议

布卢姆加滕教授写道："有一次我目击了两只山羊的一场殊死决斗,结果引出了一个有趣的数学问题。我的一位邻居有一只山羊,它已有好几个季度在附近山区称王称霸。后来某个好事之徒引进了一只新的山羊,比它还要重出 3 磅。第一只山羊重 54 磅,后来者重 57 磅。

站在一条陡峭山路的高处,向它的竞争对手猛扑过去。那对手站在山上也迎面冲来,迎接挑战,而挑战者显然拥有从高处冲下的优势。不幸的是,由于猛烈碰撞,两只山羊都一命呜

呼了。

　　现在要讲一讲本题的奇妙之处。对饲养山羊颇有研究,还写过书的乔治·阿伯克龙比说道:'通过反复实验,我发现:动量相当于一个自 20 英尺高处坠落下来的 30 磅重物的一次撞击,正好可以打碎山羊的脑壳,致它死命。'如果他说得不错,那么这两只山羊相撞时至少要有多大的相对速度,才能相互撞破脑壳?"

103. 杯子与碟子

巴盖恩亨特太太在星期六花 1.30 美元买了一些盆子,那天商店搞促销,每样商品都便宜2美分。她在星期一按正常价退了货,换购杯子与碟子。

因为一只盆子的价钱同一只杯子和一只碟子的价钱之和是相等的,所以她回家时,买进来的物品比原先的多了 16 件。又因为每只碟子只值3美分,所以她买进的碟子要比杯子多 10 只。

现在要问你:巴盖恩亨特太太在星期六用他的 1.30 美元能买进多少只杯子?

104. 北极新娘

在最近的一次远征北极旅行中,探险团的一名成员打算为自己找一位新娘。这一地区的土著居民都睡在熊皮做的睡袋里,求婚的风俗习惯是要让害着相思病的情郎偷偷摸进屋去,把他梦寐以求的新娘连同睡袋一起背走。

这位情郎需要走完一段相当长的路程。他空身前去时的速度为每小时 5 英里,负重返回时的速度为每小时 3 英里,往返一共花去整整 7 小时。当他打开睡袋,向同船的伙伴们出示他的战利品时,他发现自己犯了一个致命的错误:背回来的竟是那位姑娘的外公。

故事无疑是被大大地夸张了,但我们的专家们能不能告诉我,在这次值得纪念的旅行中,这位冒险的情郎究竟走了多少路?

105. 溜冰时间

两位姿势优美的溜冰者珍妮与莫德,站在封冻的湖面上,相距 1 英里,然后各自向对方站着的地点滑去。珍妮在一阵凛冽寒风的推动下,滑行速度是莫德的 $2\frac{1}{2}$ 倍,因而比后者提前 6 分钟到达。

试问:两位姑娘滑行 1 英里路,各要用去多少时间?

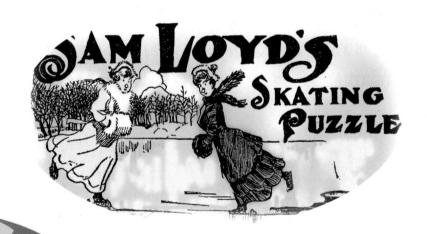

106. 我们的哥伦布问题

　　这是一道我在 1882 年出的著名趣题,为最优解提供了一千美元的奖金。题目要求用下图中那七个数码和八个点组成几个数,使它们的和尽量接近于 82。点的用法有两种:(1)作为小数点;(2)作为循环小数的记号,譬如说,$\frac{1}{3}$ 可以记为 $0.\dot{3}$,在数字 3 上面的点表示 3 是在无限止地重复。如果循环小数是一个数字序列,则把点写在该序列的开始与末尾,例如 $\frac{1}{7}$ 可以记为 $0.\dot{1}4285\dot{7}$。

　　在几百万个答案中,只有两个是正确的。

107. 龟兔赛跑

一只爱好户外运动的小兔子同一只乌龟沿着直径 100 码的圆形跑道背向行走,进行比赛。它们从同一地点出发,但起先兔子根本不动,直至乌龟完成了全程的八分之一(即圆形跑道周长的八分之一)以后才开始。兔子低估了对手的竞走能力,因此它慢吞吞地闲庭信步,一边啃啃青草,直至它在途中碰到了迎面而来的乌龟,在这一点兔子已走完全程的六分之一。

试问:为了赢得这场比赛,兔子必须把它的速度提高到以前速度的多少倍?

108. 比尔·赛克斯

我问比尔·赛克斯,他想不想工作。

"干嘛要工作呢?"

"为了赚钱呗!"我说。

"赚钱有什么用处呢?"他问道。

"可以攒钱嘛!"我答道。

"我干嘛要存钱呢?"

"将来可以养老呀!"我说。

"但是只要我现在愿意,想老就老。"他说,"如果我现在就能休息,那么为了退休而工作又有什么意义呢?"

我没有本事说服他,但他最后还是同意出来干 30 天的活,每天工资 8 美元,但是雇主规定,旷工一天要罚款 10 美元。到了月底,比尔没有拿到一分钱,雇主同他谁都不欠谁,这使比尔更加相信,干活实在是件蠢事。

试问:比尔工作了几天,旷工了几天?

109. 伤脑筋的合伙

这里有一个小小的捕鱼趣题,尽管某些数学家可能会认为情况很难掌握,可是只要使用实验办法就很容易解决。五个男孩(我们将称之为 A、B、C、D、E)有一天出去钓鱼,A 与 B 共钓到 14 条鱼,B 与 C 钓到 20 条鱼,C 与 D 钓到 18 条,D 与 E 钓到 12 条,而 A、E 两人,每人钓到的鱼的条数一样多。

五位孩子用下列办法瓜分他们的战利品。C 把他钓到的鱼同 B、D 两人的合在一起,然后大家各取三分之一。别的孩子们也干同样的事,也就是每个孩子同他的左、右两位伙伴把他们的捕捞所得合在一起,等分为三份,再各取其一。D 同 C、E 联合,E 同 D、A 联合,A 同 E、B 联合,B 同 A、C 联合。奇妙的是,在这五次联合后再分配的情况下,每次都能等分成三份,从来都不需要把一条鱼再分割成分数。过程结束时,五个孩子分到手的鱼都一样多。

你能不能说出,开始时每个孩子各自钓到了多少条鱼?

PUZZLING PARTNERSHIPS

110. 胆怯的店主

"请给我三绞丝线，四绞绒线。"小苏茜拿出 31 美分（正确的价款），往柜台上一放。

老板去拿商品时，苏茜喊了起来："我改变主意了，现在我想要四绞丝线，三绞绒线。"

"那样的话，你的钱就差一美分了。"店主一面把东西放在柜台上，一面回答。

"不，不！"苏茜拿起商品，飞快地跑出店外，"你才少我一美分呢！"

试问：一绞丝线和一绞绒线，各值几美分？

111. 二十粒糖果

汤米、威利、玛吉和安妮用 20 美分买了 20 粒糖果,已知每粒牛奶软糖值 4 美分,橡皮口香糖 1 美分可买 4 粒,巧克力糖 1 美分可买 2 粒。

试问:孩子们买了多少粒各色糖果?

112. 杰克与肥皂箱

图中那小丑的肥皂箱,其外部轮廓形成一个不规则的矩形,你能不能把这矩形分成两块,再拼成一个正方形?

113. 寄膳公寓的大饼问题

出租房屋并供膳的女房东玛丽大婶,要求她的厨师向房客们表演技艺,用小刀把一只大饼沿直线切六次,以使切出来的块数最多。你猜一下,最多能切成多少块?

114. 怪遗嘱问题

1803 年,老船长约翰·史密斯在格洛斯特去世,他把贩卖奴隶与走私交易中赚来的不义之财留给了他的九位继承人,这些继承人是:他的儿子,媳妇与小孩;女儿,女婿与小孩;前妻所生的儿子,他的老婆与小孩。一共是三家。

船长在遗嘱中规定,每个丈夫分得的钱要多于他的妻子,而每个女人到手的钱要比她小孩为多。这六种情况下的差数都是一样的,也就是说,每个男子汉与其妻子所得的钱数之差应等于每个女人与其孩子分得的钱数之差。所有的钱全部都是币值一美元的钞票,每个继承人都拿到一只口袋,其中装着一些密封的信封,而每只信封里的钱数等于这只口袋里的信封数。

遗嘱里还写着:"玛丽与萨拉拿到的钱正好等于汤姆与比尔拿到的钱,而内德、比尔与玛丽所拿到的钱数之和要比汉克多出 299 美元。为了照顾穷困的琼斯一家,他们拿到的钱要比布朗一家多出三分之一。"

从图上看不出九位继承人的年龄,但根据史密斯船长的遗嘱,我们的解题者不难猜出每个继承人的姓氏以及所拿到的钱数。

PUZZLE OF AN ECCENTRIC WILL

115. 凯西的母牛

"有的母牛比一般人具有更健全的头脑,"农夫凯西说道,"瞧!有一天我的那头老家伙,有着斑纹的母牛正站在距离桥梁中心点5英尺远的地方,平静地注视着河水发呆,突然,它发现一列特别快车以每小时90英里的速度向它奔驰而来,此时,火车已经到达靠近母牛一端的桥头附近,只有两座桥长的距离了。"

"母牛毫不犹豫,马上不失时机地迎着飞奔而来的火车做了一次猛烈冲刺,真是间不容发,总算得救了,此时距离火车头只剩1英尺了。如果母牛按照人的本能,以同样的速度离开火车逃跑,那么母牛的屁股将有3英寸要留在桥上!"

试问:桥梁的长度是多少?凯西母牛的狂奔速度是多少?

116. 基督徒与异教徒

绝大多数智力游戏爱好者都熟悉这个古老的故事：有 15 个基督教徒和 15 个异教徒①共乘一船，在海上遭到暴风雨的袭击。为了挽救船只，船长打算把一半旅客抛入海中。船长是一个很公正的人，他认为处理一切事情都应当不偏不倚。于是他作出安排，要求 30 名旅客排成一个圆圈，然后开始点数，凡点到第 13 人时，便令其退出圈子，直到 15 名不幸的家伙全部被挑出为止。

故事中说到碰巧基督徒中有一位数学家，他是一个虔诚的信徒。他感到，现在肯定是老天爷有意派他来拯救基督徒，而使异教徒遭到毁灭。于是他把 30 名旅客作了一种特殊的安排，使每次被数到第 13 名的都毫无例外地是异教徒。

做这个游戏时可以用扑克牌来代替活人，用 15 张红牌、15 张黑牌即可。题目要求将扑克牌排成一个圆圈，然后一圈一圈地反复点数，每当数到第 13 张牌时将它抽出来，要求被抽出的全都是黑牌。

解决这个问题十分简单，只要把 30 张牌围成一个圆圈，每数到第 13 张牌时将它抽出，直到一共抽出 15 张牌为止。现在把剩下的牌统统换成红牌，而将中间的空白位置填上黑牌——问题即告解决！

至此所说的一切，都不过是上面那幅插图所描绘的那个故事的开场白。

有一天，10 个孩子——5 个男孩和 5 个女孩——在放学回家的路上拾到 5 枚币值 1 美分的硬币。钱是一个小女孩发现的，可

是"呆瓜"汤米宣称，既然大家同路而行，路上拾到的东西理应大家分摊。他很熟悉上面那个基督徒和异教徒的趣题，因而极力主张大家围成一圈，把 5 枚硬币平分给首先退出圈子的 5 个人。

那幅图已经告诉我们，汤米是怎样安插那几位女孩的。我们按照顺时针方向，从上方那个不戴帽子的女孩开始数起，数到第 13 人总是女孩。当然，被数到的人只能后退一步，站到圈子外面，下次点数时就不把她算进去了。

汤米的目的在于把 5 枚硬币分给 5 个男孩，可是他忘了钱是应该分给退出圈子的人的，所以这些硬币最后都分到了女孩手中，于是汤米被其他男孩子揍了一顿。

其实，汤米只要用另一个数字取代 13，就可以把 5 个男孩而不是 5 个女孩逐出圈子。这道题目就是要你猜一猜，这样的数字最小是哪一个。你还必须找出点数开始的起点。

----

① 原文为土耳其人，但早已有人指出其非。基督徒之对立面是异教徒，而土耳其人中也有信仰基督教者，岂可一笔抹杀？故在此处作了更正。——译者注

117. 混合茶

一个香港茶烟店小老板出售一种相当畅销的混合茶,这种茶由两种茶叶混合而成,其中一种的成本为每磅5只角子[①],另一种成本为每磅3只角子。他制造了40磅混合茶,以每磅6只角子的价格出售,结果获得了$33\frac{1}{3}$的利润。

试问:他在这种混合茶中使用了多少磅每磅5只角子的茶叶?

[①] 原文为 bit,美国的一种辅币,其价值为 12.5 美分。——译者注

118. 这块地有多大

　　农民赛克斯正在嘀咕,他要支付80美元现金以及若干蒲式耳①的小麦作为他租赁一块农田的一年地租。对此,他逢人便说,如果小麦的价格为每蒲式耳75美分的话,这笔开销相当于每英亩②7美元,但现在小麦的市价已涨到每蒲式耳1美元,所以他所付的地租相当于每英亩8美元。他认为付得太多了。

　　试问:这块农田有多大?

① 蒲式耳,英美制容积单位。1蒲式耳约合35.238升(美)或36.368升(英)。——译者注

① 英亩,英制面积单位。1英亩等于4840平方码,约合4046.8平方米。——译者注

119. 土地交换问题

有两个乡里人,对1英亩土地等于 43 560 平方英尺全然无知。有件事情他们刚刚同最近从专科学校里毕业的、农民赛克斯的儿子谈妥,他们打算用自己的南瓜田换取赛克斯家的南瓜田。他们的瓜田平面图画在木板房门的右边,赛克斯家的画在左边。这两位乡里人认为,他们让这青年上当了,因为他们原来的那块地,围栏用的横杆要比赛克斯家的少些。

　　从图中可以看到,他们过
去的那块地,一边用了 140 根横
杆,另一边用了 150 根,总共是 580
根横杆;而换来的那块土地,两边各围
着 110 根和 190 根横杆,整个围栏共用
了 600 根横杆。其实不然,赛克斯的儿子学到了
足够的几何知识,他知道,长方形的形状如果越接
近于正方形,则它的面积与周长之比就越大。所
以,在这种情况下,他换进来的地要比换出去的地稍
微大一些。

　　假定在这两块地上,每英亩土地都能长出 840 只
南瓜。你能不能准确地告诉我们,这两个弄巧成拙
的农夫将在每英亩土地上损失多少只南瓜?

120. 在菲律宾做买卖

最近我读到一本老得掉了牙的游记,书中说到菲律宾土著做买卖的一些原始方法。

图中画着一个商贩正在使用一种原始的秤,四只金属环当作了砝码,它们的形状有大有小,质量各异。商人把它们套在手上,就像是戴了手镯。

利用这些金属环,那商贩可以称出质量为 $\frac{1}{4}$ 磅到 10 磅的任何东西。关于用力平衡方法称量质量的类似技巧在一些趣题书上是司空见惯的,不足为奇,但是那些技巧大都不如本题中的那么巧妙,因为本题中的技巧能使这商贩在所提及的质量范围内较为准确地称出货物的质量,误差不超出 $\frac{1}{4}$ 磅。

请问:那四只金属环的质量各为多少?

121. 洗衣店

　　查利与弗雷迪把他们穿得很脏的硬领与袖套,总共 30 件,拿到一家中国人开的洗衣店里去洗涤。几天之后,弗雷迪从洗衣店里取回了一包送洗物,他发觉其中正好包括当初送洗的袖套的一半与硬领的三分之一,他为此付出洗涤费 27 美分。已知 4 只袖套同 5 只硬领洗涤费相等。

　　试问:查利把剩下的送洗物全部取回时,他要支付多少洗涤费?

122. 火中逃生记

　　获得美国专利权的宾克斯火灾逃命器其实不过是在滑轮两边用绳索吊着两个大篮子。把一个篮子放下去的时候，另一个篮子就会升上来，如果在其中的一个篮子里放一件东西作为平衡物，则另一个较重的物体就可以放在另外的篮子里往下送。这项专利的发明家声称，此种装置应当安装在全世界每一个卧室的窗外。有

一家旅馆曾经作过试验,但由于一些狡猾的旅客用此种办法,不经过正式退房结账而带了私人物品在夜间溜之大吉,因而旅馆老板对于这种救生设备就不感兴趣了。

上页图中画出了一架宾克斯火灾逃命器安装在一家夏季度假旅馆的窗外。假如一只篮子空着,另一只篮子里放的东西不超过 30 磅,则下降时可保证安全无虞。假如两只篮子里都放着重物,则它们的质量之差也不得超过 30 磅。

一天夜里,旅馆突然发生火灾,除了夜间值班员和他的家属之外,所有旅客全都安全脱险。当夜间值班员一家被叫醒时,除了窗外的那个宾克斯升降装置可以利用之外,其他的通路全都被火封死。已知值班员体重 90 磅,他老婆重 210 磅,一只狗重 60 磅,婴儿重 30 磅。

每只篮子都大得足以装进三个人和一只狗,但别的东西都不能放在篮子里。不论升、降,只能利用与逃命直接有关的男人、女人、狗和婴儿。假定狗和婴儿如果没有值班员或他老婆的帮助,自己不会爬进或爬出篮子。

请问:用什么办法能尽快使这三个人和一只狗安全地脱离险境?

123. 吉米几岁了

墨菲太太说:"你看,帕迪现在的年纪是他刚开始喝酒时年纪的 $1\frac{1}{3}$ 倍,那时小吉米只有40个月这么大。可是现在他的年龄比我当时(帕迪开始喝酒时)的年龄的一半还多两年。所以,当小吉米长到帕迪开始喝酒的年龄时,我们三个人的年纪加起来正好等于一百岁。"

试问:小吉米几岁了?

124. 小狗与老鼠

　　一位来自广东的小商人买进一些胖墩墩的小狗,还买了成对的老鼠,老鼠的对数正好是小狗头数的一半。每只小狗进价为2只角子,每对老鼠也是这个价钱。

　　后来,小商人将这些动物以高出进价10%的价钱卖了出去,自己身边只留7只。这时,他发现所得的钱款与买进全部动物所花的钱正好相等。因此他的利润正好由那留下的 7 只动物的零售价所代表。

　　试问:这 7 只动物究竟是什么? 它们值多少钱?

125. 茂密的树林

史密斯先生同他的太太打算在郊外买一幢小别墅。

"要是把你的钱拿出四分之三给我，"史密斯先生说，"把它们和我自己的钱合起来，就可以买一栋价值 5000 美元的房子，而你手头剩下的钱，正好可以购买屋后的小树林和小溪。"

"不行，不行，"他太太答道，"把你的钱拿出三分之二给我，我把它们同我自己的钱合起来，那时我就能正好买下那栋房子，而你手头剩下的钱，正好可以买下小树林和潺潺作响的小溪。"

你能不能算出小树林与那永不涸竭的清溪的价钱？

126. 快活的修道士问题

这几位快活的修道士在放 10 枚硬币，每格放 1 枚，要使它们形成 10 行，每行所放的硬币必须是偶数。计算行数时，横排、直排和斜排都算。

题目要求将图上的硬币重新安排，以形成为数最多的偶数行。

127. 趣题国中的小"躲猫猫"

小"躲猫猫"①小姐用八根木条给自己的两只玩具小羊羔做了两个正方形的木框。有位爱慕者又送来了第三只小羊羔,因此小姑娘想改造一下,用这些木条做成三个一样大小的正方形木框。

请用硬纸板剪出八根狭长的条子,其中四根条子的长度是另外四根长度的一倍,如下图左下角所示。

题目要求:把这八根条子放在平面上,使它们组成三个同样大小的正方形。

---

① 一种把脸一隐一现以逗乐小孩的游戏。这里仅作为一位小姐的别名。——译者注

128. 闪电式交易

在郊区集市的一片喧闹声中，我们有机会讲一讲投机商的故事。有一个地产投机商还没到预定车站就下车，一面等着下一班火车，一面就地达成了一笔赚钱的交易。他用243美元买了一块地，将它等分成一些小块，然后按每小块18美元的售价卖了出去。所有这一切勾当，在下一班火车到站之前全部完成了。在这笔生意中，他赚的钱正好等于买进这六小块地的代价。

试问：该投机商把整块地分成了多少小块？

129. 贩马

由于种种原因,我在贩马生意中老是不走运。有一次,我用26美元在得克萨斯州买了一匹劣马。它在我手中一段时间内我花去一些饲养费用,后来我把它卖了60美元。乍一看来,这笔买卖像是有利可图,可是把饲养费算上,我发现实际上是赔了钱,所赔的钱正好是这匹劣马进价的一半再加上饲养费的四分之一。

我究竟赔了多少钱?

130. 步兵训练

在下图中可以看到,有八个市井顽童一男一女相间地排成一排。题目要求予以重排,将四个"士兵"排在一头,而将四位"红十字会护士"排在另一头,但仍要像原来一样,八个人排成一排。这项任务必须在四步之内完成,所谓一步,就是将相邻的一对孩子一起挪动到其他位置。

为方便起见,在解题时,可用一分硬币代表男孩,一角硬币代表女孩。然后,一次挪动一对相邻的硬币,设法在四次之内把所有的一分硬币集中到一头,而把一角硬币集中到另一头。要记住:只能挪动相邻的一对硬币,而且不准颠倒它们的顺序。譬如说,你可以将 D 和 E(字母标志在他们的帽子上)一起挪到队伍的左端,但不准把 E 放在 D 的左边。

131. 有名的十字架面包

许多朗朗上口的儿歌里往往隐藏着一些谜语或猜题,值得孩子或童心未泯的成年人去研究。现在,请听一听卖喷香热面包小贩的叫卖声吧:

好吃的十字架面包[①],又热又香又甜,
一个铜板买一只,一个铜板买二只,
姑娘们不爱吃,那就买来哄小子!
一个铜板买二只,一个铜板买三只,
我的女儿和儿子一样多,
给他们七个铜板买来吃。

提示很清楚,共有三种大小的面包:一种一个铜板买一只,另一种一个铜板买二只,还有一种一个铜板买三只。男、女孩子一样多,一共给了他们七个铜板。

假定每个孩子拿到的面包种类与数量都一样,你能不能告诉我,每个孩子买了多少只面包?

----

① 这是一种在耶稣受难日吃的、上面有着十字架图案的圆形小面包。——译者注

132. 霍根太太买布

霍根太太同她的朋友玛丽·奥尼尔一起买进 100 英尺的布,钱是大家一起出的,大家按照付款额的多少,照比例分配。由于霍根太太付的钱较多,所以奥尼尔的那块布,其长度仅为霍根那块布长度的七分之五。

试问:每块布各有多少长?

133. 琼斯的奶牛

　　农夫琼斯卖出两头奶牛，得款 210 美元。他在一头奶牛上赚进了 10%，而在另一头奶牛上亏掉了 10%。总起来算，他还是赚了 5%。

　　试问：每头奶牛原来的进价各为多少？

134. 越野赛马问题

这道乡间越野赛马的小问题可能会引起赛马迷与数学趣题爱好者的兴趣。图上的比赛似将接近尾声,整个赛程只剩下 $1\frac{3}{4}$ 英里了,然而运动员之间步步紧跟,所以很明显,谁能找到通向旗帜的近路,谁就能取得胜利。图中可以看到,终点的旗帜正在长方形田野远处的角落里迎风招展,长方形土地的边上有一条道路,一边长 1 英里,而另一边长 $\frac{3}{4}$ 英里。

沿着大路走时,到达终点旗帜还有 $1\frac{3}{4}$ 英里,所有的马都能在 3 分钟内到达。骑手们都想横穿田野抄近路走,但由于地面崎岖不平,在长方形土地上骑行时,速度要损失 25%。

试问:骑手应该在 1 英里长的路段上,从什么地方越过石墙,直接朝终点跑去,从而尽快地到达终点?

135. 迪克·惠廷顿的猫

　　迪克·惠廷顿[1]已经把他的猫训练成捕鼠能手,它能以最短的路线从 A 鼠(左上角)出发,沿着黑线行走一直跑到 Z 鼠(右下角),最终把老鼠统统抓住,一只不留。

　　国王正打算求解这道题目,迪克指着伦敦塔上的钟问道:"如果时钟敲打6下要6秒钟,那么敲打11下要多少时间?"

① 理查德·惠廷顿(Richard Whittington,1358—1423),诨名迪克(Dick),英国商人,三次任伦敦市长。传说原为贫苦孤儿,后摩洛奇患鼠害,该国国王用高价买了他的猫,使他成为巨富。——译者注

136. 弹子游戏

哈里与吉姆是打弹子游戏的两位竞争对手。游戏开始时，他们都有着同样数目的弹子。哈里在第一轮中赢到了 20 粒弹子，但后来暴露出弱点，败下阵来，输掉了手中弹子的三分之二。结果使吉姆所拥有的弹子数是哈里的四倍。

试问：开始玩游戏时，每个孩子手上有多少弹子？

137. 小鸡变蛋

　　怎样把图中的小鸡切成两块,然后再用它们拼成一个完整的鸡蛋?

138. 猴子爬窗问题

托尼的手风琴已经走了调,可他依旧弹奏不休,图中的那些人被他吵得要死,如果不打发一点钱,他是不会走的。

现在,他的听众们准备投降了。请你说出,他的那只叫乔科的猴子,将采取怎样一条最短的路线,带着一只锡碗从一个窗子爬到另一个窗子去向人家收钱?注意,猴子必须从现在的位置出发,最后回到它主人的肩膀上。

139. 打破纪录

在"快跑女王"——雌马洛狄龙的最近一次表演中，我的脑海中出现了一个妙趣横生的题目，对数学修养不足的计时员来说，可能是太难了一些。事情是这样的：一位计时员只记下了洛狄龙跑前面 $\frac{3}{4}$ 英里所用的时间，而第二位计时员只记下了马儿跑最后 $\frac{3}{4}$ 英里所用的时间。马儿用 $81\frac{3}{8}$ 秒跑完前面的 $\frac{3}{4}$ 英里，而用 $81\frac{1}{4}$ 秒跑完了最后的 $\frac{3}{4}$ 英里。假定马儿跑前面 $\frac{1}{2}$ 英里用去的时间，与跑完最后 $\frac{1}{2}$ 英里用去的时间相等。广大的趣题爱好者们，你们能否算得出，马儿跑完 1 英里全程要花多少时间？

（萨姆·劳埃德给出了此题的答案，却没有进一步说明它并非唯一解。也许是排印《大全》时不慎脱漏了本题的一

些句子。为了使他的问题有一个唯一的答案，现在假定跑第三个 $\frac{1}{4}$ 英里和最后一个 $\frac{1}{4}$ 英里所需的时间也相等。——马丁·加德纳）

140. 威格斯太太的卷心菜

　　威格斯太太对洛维·玛丽说,今年她的那块正方形卷心菜地比她去年的那块正方形地要大,因此今年将多种 211 棵卷心菜。

　　我们的数学家和农艺家中,有多少人能算出威格斯太太今年所种的卷心菜棵数?

141. 刺客的子弹

　　你在图中看到的是一只被刺客的手枪子弹打碎了的一只钟的表面。子弹正好打中了它的中心,把中心轴打进机件里,造成了钟的停摆。现在,两根指针指向相反,并成了一直线。事情很明显,有人肯定把指针转动过,因为它们绝不可能同时指着3点与9点。

　　你能正确说出子弹击中这只钟时是几点几分吗?

142. 笨蛋问题①

下图中这三个受到嘲弄的小男孩应该怎样重新排列他们自己,以使他们身上标出的数码能组成一个正好能被7除尽的三位数?

---

① 旧时美国小学里,要给学习成绩差的学生戴上圆锥形纸帽,帽子上面写着"我是笨蛋"。——译者注

答　案

Answers

★答案 1

在解答这道趣题之前,必须正确理解题目的意思。例如,有人可能这样想:"这个篮球重 $10\frac{1}{2}$ 盎司。它质量的一半就是 $5\frac{1}{4}$ 盎司。我们把这两个数值相加便得到答案 $15\frac{3}{4}$ 盎司了。"

可是本题是要求出篮球的质量,而倘若这个质量为 $15\frac{3}{4}$ 盎司,那它就不能是开头所假设的 $10\frac{1}{2}$ 盎司。这里显然有矛盾,因此,肯定是我们对题目理解错了。

只有一种解释能说得通。篮球的质量等于两个数值之和: $10\frac{1}{2}$ 盎司和一个未知的数值,后者即篮球质量的一半。这可以用题中图示的天平形象地表示出来。如果从天平的两侧各取走半只篮球,秤盘仍将保持平衡。一侧是 $10\frac{1}{2}$ 盎司,另一侧是半只篮球,因此半只篮球重 $10\frac{1}{2}$ 盎司,而整只篮球的重量必定是这个质量的两倍,即21盎司。

实际上,不知不觉中我们是用简单的代数解决了这个问题!不用图示,让我们用字母 x 来代表半只篮球的质量。并且,让我们用代数中的等式来表示天平两侧的平衡。这样,我们可以列出简单的方程:

$$10\frac{1}{2}+x=x+x.$$

如果从这个方程的两侧各取走相等的量,它仍将"平衡"。所以我们从两侧各取走一个 x 后,留下的是:

$$10\frac{1}{2}=x.$$

你该记得 x 是代表半只篮球。既然半只篮球重 $10\frac{1}{2}$ 盎司,那整只篮球必定重21盎司了。

★答案 2

许多试图解答这道趣题的人会这样对自己说:"假设我取出的第一只是红色袜子。我需要取出另一只红色袜子来和它配对,但是取出的第二只袜子可能是蓝色袜子,而且下一只,再下一只,如此取下去,可能都是蓝色袜子,直到取出抽屉中全部10只蓝色袜子。于是,再下一只肯定是红色袜子。因此答案一定是12只袜子。"

但是,这种推理忽略了一些东西。题目中并没有限定是一双红色袜子,它只要求取出两只颜色相同从而能配对的袜子。如果取出的头两只袜子不能配对,那么第三只肯定能与头两只袜子中的一只配对。因此正确的答案是3只袜子。

★答案 3

抽完了那27支香烟,帕费姆夫人把烟蒂接成9支接着抽。这9支香烟的烟蒂又可接成3支。最后的3个烟蒂,她又接成了最后一支香烟。总共抽了40支香烟。帕费姆夫人永远不再抽烟了——她竭尽全力喷出最后一口烟后,死了。

★答案 4

对于这个古老的谜题,常见的答案是这样的:如果3只猫用3分钟捉住了3只老鼠,那么它们必须用1分钟捉住1只老鼠。于是,如果捉1只老鼠要花去它们1分钟时间,那么同样的3只猫在100分钟内将会捉住100只老鼠。

遗憾的是,问题并不那么简单。这种答案中做了某个假定,它无疑是题目中所没有谈到的。这个假定认为这3只猫把注意力全部集中于同一只老鼠,直到它们在1分钟内把它捉住,然后再联合把注意力转向另一只老鼠。

但是,假设换个做法,每只猫各追捕一只老鼠,各花3分钟把它们捉住。按照这种设想,3只猫还是用3分钟捉住3只老鼠。于是,它们要花6分钟去捉住6只老鼠,花9分钟捉住9只老鼠,花99分钟捉住99只老鼠。

现在我们可面临着一个稀奇古怪的困难。同

样的3只猫要花多长时间去捉住第100只老鼠呢?

如果它们还是要足足花上3分钟去捉住这只老鼠,那么这3只猫得花102分钟捉住100只老鼠。要在100分钟内捉住100只老鼠——假设这是关于猫捉老鼠的效率指标——我们肯定需要多于3只而少于4只的猫。

当然,当3只猫合力围攻单独的一只老鼠时,它们可能用不了3分钟就把它逼得走投无路。可是在这个谜题中,对怎样准确地计算这种行动的时间没做任何交代。

因此,这个问题的唯一正确答案是:这是一个意义不明确的问题,没有更多的关于猫是怎样捉老鼠的信息,无法回答这个问题。

★答案 5

为了信守协议,勘探员可以把31英寸的银条只切成5段,它们的长度分别为1英寸、2英寸、4英寸、8英寸和16英寸。

第一天,他给女房东1英寸的一小段银条;第二天,给她2英寸的一段,取回1英寸的那一段;第三天,再给她1英寸的一段;第四天,取回1英寸和2英寸的那两段,给她4英寸的一段。按照这样的方式来回倒换,在3月全月的31天中,他就能每天给女房东增加1英寸银条。

这个问题的答案,可以用算术中的二进制作出非常简洁的表述。

在二进制中，任何整数都可以只用1和0这两个数字来表示。近些年来，二进制已成为一种重要的数制，因为大多数巨型电子计算机的运行都是以二进制为基础的。

这里以数目27为例，看看如果我们使用二进制，它将如何表示：

11011

我们怎么知道这是27呢？把它转换成我们的十进制数的办法如下。

在这个二进制数最右端那个数字的上方，我们写上"1"。在往左的第二个数字上方，我们写上"2"；在右边数过来第三个数字的上方，我们写上"4"；在下一个数字上方，我们写上"8"；在左端的最后一个数字上方，我们写上"16"（见下图）。

16	8	4	2	1
1	**1**	**0**	**1**	**1**

这些数字形成了数列：1，2，4，8，16，32，…，其中每一个数都是它前面那个数的两倍。

下一步是把二进制数中1的上方的各个数值加起来。在本例中，这些数值是1、2、8和16（4不包括在内，因为它是在0的上方）。它们加起来为

27，因此，二进制数 11011 就是我们常用的十进制中的 27。

　　按照这种方式，从 1 到 31 的任何整数，都可以用不超过 5 个数字的二进制数加以表示。按照完全相同的方式，从 1 英寸到 31 英寸的任何长度的银条都可以由 5 小段银条

3 月	16	8	4	2	1
1					1
2				1	0
3				1	1
4			1	0	0
5			1	0	1
6			1	1	0
7			1	1	1
8		1	0	0	0
9		1	0	0	1
10		1	0	1	0
11		1	0	1	1
12		1	1	0	0
13		1	1	0	1
14		1	1	1	0
15		1	1	1	1
16	1	0	0	0	0
17	1	0	0	0	1
18	1	0	0	1	0
19	1	0	0	1	1
20	1	0	1	0	0
21	1	0	1	0	1
22	1	0	1	1	0
23	1	0	1	1	1
24	1	1	0	0	0
25	1	1	0	0	1
26	1	1	0	1	0
27	1	1	0	1	1
28	1	1	1	0	0
29	1	1	1	0	1
30	1	1	1	1	0
31	1	1	1	1	1

组成,这5段银条的长度分别为1英寸、2英寸、4英寸、8英寸和16英寸。

上页表中列出了同3月各天对应的二进制数。你会注意到,同3月27日对应的二进制数为11011。这告诉我们,那天女房东手中的27英寸银条,是由1英寸、2英寸、8英寸和16英寸的4段银条组成的。

随意挑选一天,看看你能不能很快就从表中准确地得知,是哪几段银条组成了与那天日期对应的银条总长度。

★答案 6

这道小小的趣题,总是引起各种争论。大多数人采取以下三种立场中的一种:

(1)我们不知道这辆助动车的原价,因此我们无从知道在第一次卖出后比尔是否获利。不过,既然他用80美元把它买回来,又以90美元卖出去,那他显然获得了10美元的利润。

(2)比尔把他的助动车卖了100美元,又以80美元买了回来。现在,他仍然有着这辆助动车,而且还有他先前所没有的20美元,所以他的利润为20美元。因为我们不知道这辆助动车的真实价值,我们从第二次卖出中得不出什么结论,所以比尔的总利润就是这20美元。

（3）比尔买回这辆助动车后,他获利20美元,这刚才已做了解释。现在他以比买进价多10美元的价钱把它卖出去,又得到了10美元的利润。因此,总利润是30美元。

哪一种是正确的呢?回答是彼此彼此!在同一货物的一连串交易中,"总利润"是指最后一次交易结束时的收入与开始交易时的付出之差。例如,如果比尔买这辆助动车时付出了100美元,而他的最终收入是110美元,我们可以说他的总利润是10美元。但是由于我们不知道这辆助动车的原价,所以我们无从计算他的最终利润。

每一种答案都是正确的,只要我们不拘泥于"总利润"这个词的通常含义而愿意接受它的其他一些意思。生活中的许多问题也是这样。它们被称为"言语问题"或"语义问题",因为它们完全随着人们对问题中重要的词的不同理解而有着不同的答案。在大家对这些词的含义取得共识之前,这类问题不会有"正确的"答案。

★答案 7

格林先生的最初存款,没有理由要等于每次取款后余额的总和。右栏的总和非常接近100美元,这只是一种巧合。

通过构造具有一系列不同取款额的图表，很容易看清这一点。这里是两个例子：

取款额	存款余额
$ 99	$ 1
1	0
——	——
$ 100	$ 1

取款额	存款余额
$ 1	$ 99
1	98
1	97
97	0
——	——
$ 100	$ 294

你可以看到，左栏的总和都是 100 美元，而右栏的总和可以很大，也可以很小。假如取款额只能是整美元，右栏可能的最小总和与最大总和该是多少呢？

★答案 8

如果琼斯小姐换不了 1 美元，那么她钱柜中的 50 美分硬币不会超过 1 枚。如果她换不了 50 美分，那么钱柜中的 25 美分硬币不会超过 1 枚，10 美分硬币不会超过 4 枚。10 美

分换不了,意味着她的5美分硬币不会超过1枚;5美分换不了,
则她的1美分硬币不超过4枚。因此,钱柜中各种硬币数目的
上限是:

50美分1枚	$ 0.50
25美分1枚	0.25
10美分4枚	0.40
5美分1枚	0.05
1美分4枚	0.04
	——
	$ 1.24

这些硬币还够换1美元(例如,50美分和25美分各1枚,10
美分2枚,5美分1枚),但是我们毕竟知道了钱柜中各种硬币的
数目不可能比上面列出的更多。上面这些硬币加起来总共有
1.24美元,比我们所知道的钱柜中的硬币总值1.15美元正好多
出9美分。

现在,组成9美分的唯一方式是1枚5美分硬币加上4枚1
美分硬币,所以我们必须把这5枚硬币从上面列出的硬币中除
去。余下的是1枚50美分、1枚25美分和4枚10美分的硬币。
它们既换不了1美元,也无法把50美分或者25美分、10美分、5
美分的硬币换成小币值的硬币,而且它们的总和正是1.15美
元,于是我们便得到了本题的唯一答案。

●**答案** 9

如果你从 1 美分开始不断地加倍,最初,数量增长得还算缓慢,但随后越来越快,不久便大幅度地猛增。似乎难以令人相信,如果这位上了他儿子当的爸爸要信守协议,他给阿尔的钱将超过一千万美元!

第一天,爸爸给阿尔 1 美分。第二天,给 2 美分,总共为 3 美分。第三天,他给儿子 4 美分,总和增加到 7 美分。

让我们列表来说明第一个星期的情况:

日期	当天给的美分	美分总和
1	1	1
2	2	3
3	4	7
4	8	15
5	16	31
6	32	63
7	64	127

如果这张表继续下去,它将表明:在 4 月 30 日那一天,爸爸最后付出的钱将是 5 368 709.12 美元,即五百多万美元。不过,这还只是爸爸在最后一天的付出。我们尚需了解他付出的钱款总额,而要做到这一点,我们必须把他在 4 月的 30 天中每天付出的钱款都加到一起。

但通过下述的捷径,可以很快地做到这一点。

注意表中右栏的每一个数目恰好都是中栏相应数目

的两倍减一。所以,我们只需要把爸爸最后一天付出数目的两倍,即 10 737 418.24 美元,减去 1 美分,从而得出 10 737 418.23 美元。这便是爸爸如果信守协议所要付出的钱款总额。

★ 答案 10

令人惊讶的是,第二种方案要比第一种方案好得多。如果你接受第二种方案,每年将比第一种方案多挣 200 美元!下表列出在开头 6 年中,根据这两种方案你分别能得到的年收入。

年份	方案 A	方案 B
1	4000	4200
2	4800	5000
3	5600	5800
4	6400	6600
5	7200	7400
6	8000	8200

★ 答案 11

每辆自行车运动的速度是每小时 10 英里,两者将在 1 小时后相遇于 20 英里距离的中点。苍蝇飞行的速度是每小时 15 英里,因此在 1 小时中,它总共飞行了 15 英里。

许多人试图用复杂的方法求解这道题目。他们计算苍蝇在两辆自行车车把之间的第一次路程，然后是返回的路程，以此类推，算出那些越来越短的路程。但这将涉及所谓无穷级数求和，这是非常复杂的高等数学。

据说，在一次鸡尾酒会上，有人向约翰·冯·诺伊曼①提出这个问题，他思索片刻便给出正确答案。提问者显得有点沮丧，他解释说，绝大多数数学家总是忽略能解决这个问题的简单方法，而去采用无穷级数求和的复杂方法。

冯·诺伊曼脸上露出惊奇的神色。"可是，我用的正是无穷级数求和的方法，"他解释道。

★答案 12

由于河水的流动速度对划艇和草帽产生同样的影响，所以在求解这道趣题的时候可以对河水的流动速度完全不予考虑。虽然是河水在流动而河岸保持不动，但是我们可以设想是河水完全静止而河岸在移动。就我们所关心的划艇与草帽来说，这种设想和上述情况毫无差别。

既然渔夫离开草帽后划行了5英里，那么，他当然是又

① 约翰·冯·诺伊曼(John von Neumann, 1903—1957), 20世纪最伟大的数学家之一，原籍匈牙利，1930年移居美国。他除在纯粹数学领域有相当杰出的成就外，还在力学、经济学、数值计算、电子计算机等方面作出了不朽的贡献。——译者注

向回划行了5英里,回到草帽那儿。因此,相对于河水来说,他总共划行了10英里。渔夫相对于河水的划行速度为每小时5英里,所以他一定是总共花了2小时划完这10英里。于是,他在下午4时找回了他那顶落水的草帽。

这种情况同计算地球表面上物体的速度和距离的情况相类似。地球虽然旋转着穿越太空,但是这种运动对它表面上的一切物体产生同样的效应,因此对于绝大多数速度和距离的问题,地球的这种运动可以完全不予考虑。

★答案 13

求解这道令人困惑的小小趣题,并不需要知道芝加哥与底特律之间的距离。

在抵达底特律的时候,史密斯已经走过了一定的距离,这花去了他一定的时间。如果他要把他的平均速度翻一番,他应该在同样的时间中走过上述距离的两倍。很明显,要做到这一点,他必须不花任何时间便回到芝加哥。这是不可能的,因此史密斯根本没有办法把他的平均速度提高到每小时60英里。无论他返回时的速度有多快,整个旅行的平均速度肯定要低于每小时60英里。

如果我们为史密斯的旅行假设一个距离,事情便会容易理解一些。比如说,假设往返旅程各为30英里。由于他的平均速度为每小时30英里,他将用1小时的时间完成前一半的旅行。他希望往返旅行的平均速度为每小时60英里,这意味着他必须在1小时中完成整个60英里的旅程。可是,他已经把1小时的时间全都用了。无论他返回时速度有多快,他所用的时间将多于1小时,因此他必定要用多于1小时的时间完成60英里的旅程,这使得他的平均速度低于每小时60英里。

★答案 14

怀特先生说,这股风在一个方向上给飞机速度的增加量等于在另一个方向上给飞机速度的减少量。这是对的。但是,他说这股风对飞机整个往返飞行的平均地速不发生影响,这就错了。

怀特先生的失误在于:他没有考虑飞机分别在这两种速度下所用的时间。

逆风的回程飞行所用的时间,要比顺风的去程飞行所用的时间长得多。其结果是,地速被减缓了的飞行过程要花费更多的时间,因而往返飞行的平均地速要低于无风时的情况。

风越大,平均地速降低得越厉害。当风速等于或超过飞机的速度时,往返飞行的平均地速变为零,因为飞机不能往回飞了。

★答案 15

画出长方形的另一条对角线,你立即会看出它是圆的半径。长方形的两条对角线总是相等的,因此从 A 角到 B 角的对角线长度等于圆的半径,而这是 10 英寸!

★答案 16

做这种题目,最好的方法是分门别类地进行计数。在画着印度儿童的图中,可以按照正方形的大小分类:

小正方形　5

中正方形　5

大正方形　1
　　　　　—
总数　　　11

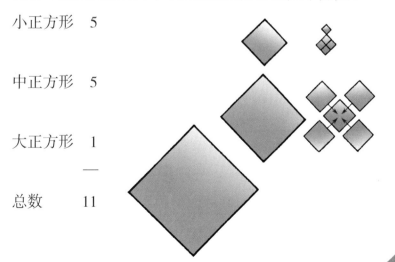

在画着猫的图中,可以如下分类:

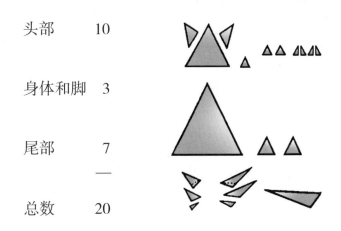

头部	10
身体和脚	3
尾部	7
	―
总数	20

★答案 17

经过反复试验,不断改进切割方式,固然可以解决这道趣题。但是,更好的办法是找出一种规律,这种规律将告诉你经过任何次数的切割所能得到的最多的馅饼块数。

未被切割的馅饼是一块,所以当第一次切割完成后,便增加了一块,使得总数为两块。

第二次切割又增加两块,使得总数为4块。

第三次切割又增加3块,使总数达到7块。

看起来,似乎每次切割所增加的块数,总是等于切割的次数。事情的确如此,而且其中的原因也不难看清楚。

例如,让我们考察第三次切割。第三次切割线与前两条直线相交,那两条直线就把这第三条线分为3条线段。这3条线段中的每一条,都把馅饼的某一块一分为二,所以说,每一条线段都使得馅饼增加一块,3条线段自然就使馅饼增加3块。

　　对于第四条直线,情况也是如此。我们切馅饼时能够使这第四条直线与前3条相交,而这3条直线会把第四条直线分成4条线段,每一条线段使得馅饼增加一块,所以4条线段总共使馅饼增加4块。对于第五条直线,第六条直线,以至更多的只要我们愿意添加的直线,情况也是如此。

　　这种从个别情况向无穷多种情况推理的方法,就是人们常说的数学归纳法。

　　把上述规律记在心中,现在我们就能容易地制出一张表来,这张表列出了每次切割所能得到的最多的馅饼块数:

切割的次数	最多的块数
0	1
1	2
2	4
3	7
4	11
5	16
6	22

7次切割最多能切成几块呢?我们只要把7加上22便知道答案是29。右图表示了6次切割是如何把馅饼切成22块的,这便是本题的答案。

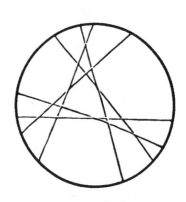

★答案 18

5小块图形中最大的两块对换了一下位置之后,被那条对角线切开的每个小正方形都变得高比宽大了一点

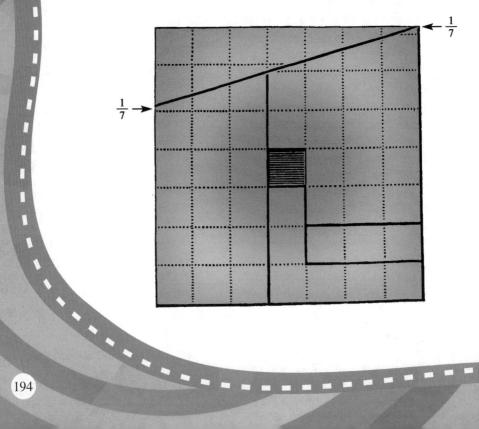

点。这意味着这个大正方形不再是严格的正方形。它的高增加了,从而使得面积增加,所增加的面积恰好等于那个方洞的面积。

★答案 19

看来似乎令人惊奇,给这条钢带加长1码之后,钢带居然升高到离球面大约6英寸!这个高度当然足够让一只棒球从它下面穿过。

实际上,不论球的大小如何,钢带升高的高度是一样的。其中的道理很容易看清楚。当钢带紧紧箍住圆球的时候,它的长度是一个以圆球半径为半径的圆的周长。根据平面几何知识,我们知道,一个圆的周长等于它的直径(为其半径的两倍)乘以圆周率π。π的数值比3大一点,为3.14强。因此,如果我们给任何一个圆的周长增加1码,则我们必须给它的直径增加1码的三分之一不到一点,或者说,大约1英尺。显然,这意味着其半径要增加约6英寸。

从下页图可以看得很清楚,半径的增加部分也就是钢带从圆球表面升高的高度。无论这个圆球是大如太阳还是小如柑橘,升高的高度是完全一样的,都是5.7英寸多一点。

★答案 20

由于这道题目是在立体几何这一章，也许你已经猜想到这第三种自叠合的线，是一种不能在平面上画出来的线。它叫作圆柱螺旋线 —— 一种盘旋着穿过空间的线，就像开瓶塞的钻头或理发店旋转招牌上的线条那样。

如果你仔细察看下页图，你便可看出这种螺旋线的任何部分都能与任何其他部分叠合。

螺旋线还有其他一些种类，但唯独圆柱螺旋线是自叠合的。圆柱螺旋线是一种沿着具有圆形截面的柱体以一个固定的角度而盘旋的线。其他的螺旋线，是那些沿着具

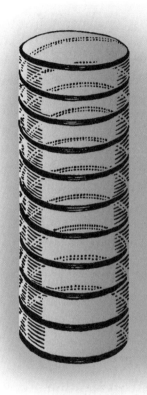

有非圆形截面的柱体或者沿着锥体而盘旋的线。有一种锥形的床弹簧,便是人们所熟悉的圆锥螺旋线的例子。

螺旋线具有许多有趣的性质,它们经常在物理学、天文学、化学、生物学和其他科学中出现。

★答案 21

你能够漆成：

1块全红，

1块全蓝，

1块5面红1面蓝，

1块5面蓝1面红，

2块4面红2面蓝，

2块4面蓝2面红，

2块3面红3面蓝。

总共漆成10块不同的立方体。

★答案 22

要使每个黑点同其他黑点的距离都相等，一个球上最多只能漆上4个这样的黑点。附图显示出了这些黑点是如

何布置的。有趣的是,如果我们在球的内部用直线连接这4个黑点的中心,这些直线将标出一个正四面体的各条棱。

★答案 23

后手如果采用下述的两步策略,他就总能获得这个游戏的胜利:

1. 当先手取走一枚或两枚筹码之后,圆圈的某一个位置将出现单独的空当。于是,后手从圆圈中与这个空当相对的一侧取走一枚或两枚筹码,使得余下的筹码被两个空当分成数目相等的两群。

2. 从这往后,无论先手从哪一群中取走一枚或两枚筹码,后手总是相应地从另一群中取走相同数量的筹码。

如果你实践一下下面给出的游戏过程的例子,就可以明白这种策略。这里的数字是题目附图中每枚硬币的编号。

先手	后手
8	3
1,2	5,4
7	9
6	10(胜)

试用这种策略对付你的朋友,你很快就会发现,为什么无论用多少筹码摆成圆圈,后手总能立于不败之地。

★答案 24

对于先手来说,有着许多总能保证他取得胜利的开局第一着。其中之一是连接最靠近图中心的两个点。由于可以画的不同连线实在太多,在此无法一一加以讨论,但是这样的第一着加上随后的小心行事,将保证他赢得这个游戏。

无论这个游戏的图形有多大,先手只要玩得有理,他总能获得胜利。对这个结论,有一种令人感兴趣的证明方法。

这种方法是这样的:

(1) 假定(这仅仅是为了好玩)后手有一种能保证自己取胜的确定策略。

(2) 先手可在图中随便什么地方画出他的第一条连线。接着,在后手画了他的第一条连线之后,先手就把自己设想成后手,实施那种能保证后手取得胜利的策略。

(3) 先手在第一着中画的那条连线不会影响他的这种能保证自己取胜的策略。如果这条连线不是这种策略的组成部分,那么这条连线根本就无关紧要。如果它是这种策略的组成部分,那么在轮到先手应该画这条连线的时候,只要简单地在别的什么地方随意画一条连线就行了。

（4）因此先手总能获胜。

（5）但是，这同我们首先作出的后手一定能够取胜的假定发生矛盾。所以这个假定是错误的。

（6）这个游戏是不可能以和局告终的。因此，如果不存在后手能保证自己取得胜利的策略，那就必定存在着先手能保证自己取得胜利的策略。

这种证明方法除适用于这个"架桥"游戏之外，也适用于其他的游戏。它是对策论中一种著名的证明方法，因为它证明了对任何尺寸的纸板，总存在着一种先手能保证自己取胜的策略，可是它并没有说明这种能保证取胜的策略到底是什么样子。

仅通过我们在这里所做的简单说明，是不太容易理解这种证明方法的。但是如果你反复仔细地对它进行思考，最终是会把它弄明白的。

数学家把这种证明方法叫作存在性证明，因为它只证明了某些事物的存在，而没有告诉我们如何去发现它们。

在这个例子中，用于证明的推理类型叫作反证法。它的拉丁文原名意思是"归于谬误"，因此也叫作归谬法。你要证明两个事物中的一个必定是真实的，你先假定某一个是真实的，结果这导致逻辑上的谬误，因此另一个事物必定是真实的。

本题的证明是这样展开的：

（1）两个游戏者中必有一个总能取胜，

（2）假定后手总能取胜，

（3）这导致逻辑上的矛盾，

（4）因此先手总能取胜。

这是一种有力的证明方式，它经常被数学家所采用。

★答案 25

狐狸总能以少于10次的移动把鹅捉住。这可以通过以下方法实现：

狐狸必须在开头围绕纸板中央那两个三角形中的一个移动3次。绕了一圈回到出发点后，在移动满10次之前把鹅困于纸板一角便是一件十分简单的事了。

下面是典型的局面：

移动	狐狸	鹅	移动	狐狸	鹅
（1）	16	32	（5）	28	32
（2）	22	33	（6）	27	31
（3）	21	34①	（7）	26	25
（4）	22	33	（8）	25（胜）	

---

①原文作27，但这样一来，狐狸在下一步就把鹅捉住了。故改为34。——译者注

★答案 26

先手能保证自己获得胜利的唯一方法是,在他第一次取硬币时从最底下一行取走3枚硬币。

只要设法给对方造成下列局面中的任何一种,就能保证自己获得胜利:

1. 三行各有1枚硬币。

2. 只留下两行,每行各有2枚硬币。

3. 只留下两行,每行各有3枚硬币。

4. 三行分别有1枚、2枚和3枚硬币。

如果你把这4种必胜局面记在心中,那么你将能打败一位没有经验的对手:只要是你开局,你每次都能赢;当对方开局而他没能走出正确的第一着时,你也一定能取胜。

这种NIM游戏无论用多少筹码(硬币),也无论摆成多少堆(行),都可以玩。人们已用算术中的二进制数制对这种游戏做了全面的分析。

据信这种游戏源于中国①。但是"NIM"这个名字,是

---

① 关于NIM游戏源于中国的说法,见于国内多本介绍数学游戏的小册子。但迄今未发现我国古代文献中有关于它的记载。对此的解释是,按我国古代的传统,数学作为"奇技淫巧",不足以登大雅之堂,难以在经史中占一席之地。在我国民间,确实流传着这种游戏,北方叫作"抓三堆",南方叫"拈法""翻摊"。——译者注

美国哈佛大学的数学教授查尔斯·伦纳德·鲍顿于1901年提出的,他最早对这种游戏做了全面的分析。"NIM"是一个已被废弃的词,意思是"偷走"或"拿走"。

★答案 27

吉姆打这个赌是不太明智的。他的上述推理是完全错误的。

为了弄清3枚硬币落地时情况完全相同或不完全相同的可能性,我们必须首先列出3枚硬币落地时的所有可能的式样。总共有8种式样,如下图所示。

每种式样出现的可能性都与其他式样相同。注意只有两种式样是3枚硬币情况完全相同。这意味着,3枚硬币情况完全相同的可能性是八中有二,即 $\frac{2}{8}$,可简化为 $\frac{1}{4}$ 。

3枚硬币落地时情况不完全相同的式样有6种。因此其可能性是 $\frac{6}{8}$,即 $\frac{3}{4}$ 。

换句话说,乔的打算是,从长远的观点看,他每扔4次硬币就会赢3次。他赢的3次,吉姆总共要付给他15美分。吉姆赢的那一次,他付给吉姆10美分。这样每扔4次硬币,乔就获利5美分——如果他们反复打这个赌,乔就有相当可观的赢利。

★答案 28

如果我们肯定地知道那是一枚公正的骰子,那么这只骰子无论被投掷多少次,也无论投掷的结果是哪一面朝上,在下一次投掷中6个面中每个面朝上的概率仍然都是 $\frac{1}{6}$ 。一枚骰子根本不会对它过去被投掷的结果有任何的记忆!

许多人很难相信这一点。在轮盘赌和其他机遇性游戏中,形形色色的愚蠢的玩法体制都是基于这样的迷信:某一偶然事件出现得越是频繁,它再次出现的可能性就越小。

在第一次世界大战中,士兵们以为他们躲在新弹坑中将比躲在老弹坑中更安全,因为他们这样推想:在很短的时间中,炮弹不可能恰好在同一地点上两次爆炸!一位母亲有5个孩子,全是女孩,她以为她的下一个孩子是男孩的可能性将大于 $\frac{1}{2}$ 。这两种想法都是没有根据的。

现在考虑问题的另一方面。在投掷一枚具体的骰子的时候,难以断定它是不是没有灌过铅,或者是不是受隐蔽的磁铁所控制。所以,如果我们前9次投掷的结果都是1点朝上,我们有很强的理由怀疑这是一枚统计学家所谓的有偏的骰子。因此,在第十次投掷时又出现1点朝上的概率要大于 $\frac{1}{6}$ 。

★答案 29

为了求解这道题目,让我们把这6张牌用1到6这些数字编号,并且假定5号牌和6号牌就是那两张老K。

现在,我们列出从6张牌中取出2张的所有不同组合。总共有15种这样的组合:

1–2 2–3 3–4 4–5 5–6

1–3　2–4　3–5　4–6

1–4　2–5　3–6

1–5　2–6

1–6

注意在这 15 对牌中有 9 对包含老 K（5 号牌和 6 号牌）。既然每对牌出现的可能性全都一样，这就意味着，从长远说，你每进行 15 次尝试就有 9 次至少翻出一张老 K。换句话说，至少翻出一张老 K 的可能性是 $\frac{9}{15}$，这个分数可化简为 $\frac{3}{5}$。这当然优于 $\frac{1}{2}$，因此本题的答案是：你至少翻出一张老 K 的可能性比一张老 K 也翻不出来的可能性更大。

你翻开两张牌，发现这两张牌都是老 K 的可能性有多大呢？在上面 15 种组合中，只有一种组合含有两张老 K，所以答案是 $\frac{1}{15}$。

★ 答案 30

不，苏丹的这个法律不会有效果。

按照统计的规律，全部妇女所生的头胎孩子趋向于男孩女孩各占半数。

男孩的母亲们不能再有孩子。女孩的母亲们可以接着有她们的第二胎孩子,但仍然一半是男孩一半是女孩。

再一次,男孩的母亲们退出生育的队伍,留下其他的母亲,她们可以有第三胎孩子。

在每一轮生育中,女孩的数目总是趋向于与男孩的数目相等,因此男孩与女孩的比例是永远也不会改变的。

"你们瞧,"伽莫夫和斯特恩在他们对这个苏丹问题的答案中写道,"比例是保持不变的。既然在任何一轮的生育中,男孩对女孩的比例都是一比一,那么当你把各轮生育的结果全部加起来以后,比例始终保持着一比一。"

当然,在这一过程进行的同时,女孩们会成长起来,并且成为新的母亲,但是上面的论证同样也适用于她们。

★答案 31

用3笔画出这5块砖头是不可能的,有一个简单的方法可以证明这个结论。

当3条线段如下图所示的那样相交于一点的时候,一个显然的事实是:这个点必定标志着至少一个笔画的端点。它也可能是3个笔画的端点,但是我们对此并不在乎。我们的兴趣仅仅在于这样的事实:至少有一条线必定

以如图所示的 P 点为端点。

在表示砖头的图1中，数一下有3条线段相交于一点的那些点的个数。总共有8个这样的点。每个点必定标志着至少一个笔画的端点，所以整个图形包含着各个笔画的至少8个端点。单独一个笔画不可能有两个以上的端点，因此少于4个笔画是不可能把这个图形画出来的。

这是数学家们所谓的不可能性证明的一个简单例子。

为了试图解决一个如同只用圆规和直尺把一个角三等分那样没有解决方案的问题，结果浪费了大量的时间。这种情况在数学史上屡见不鲜。因此，寻找不可能性证明是非常重要的。

在后面的"五块'四小方'"趣题中，你将会发现这种证明方法的另一个精彩例子。

★答案 32

乍看之下，你可能会以为这两个结是相同的。但是，如果你更仔细地对它们进行检查，你会注意到这里有一种奇特的区别。一个结是另一个结的镜像。无论我们如何试图改变一个结的形状,永远也不会使它看起来与另一个结完全相同。

与自己的镜像不同的几何结构,称为非对称性的几何结构。当我们制作两条带子的时候,把一条往一个方向拧,而把另一条往另一个方向拧,我们制成的就是两条非对称性的带子,每条带子都是另一条带子的镜像。这种非对称性,当我们把这两条带子沿纵向剪开成为两个结之后,就转化为这两个结的非对称性。

我们对用千篇一律的方式来系反手结(一种用以防止绳索末端磨散或滑溜的绳结)是如此的习以为常,以致我们不知道系这种结可以有两种非常不同的方式。也许,惯用左手的人系这种结时用的往往是一种方式,惯用右手的人用的则是另一种方式。如果真是这样的话,夏洛克·福尔摩斯会多一种推断的好方法:从罪犯捆绑受害者所使用的打结方式推断罪犯是左撇子还是一般惯用右手的人。

★答案 33

区域 B 是内部。

能够这样说,根据的是关于简单闭曲线的另一条有趣的定理。这种简单闭曲线的所有"内部"区域相互之间被

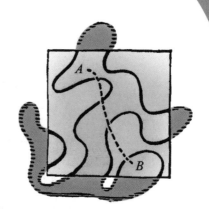

偶数条线隔开。"外部"区域之间也是如此。而任何一个内部区域与任何一个外部区域之间，则被奇数条线隔开。零被认为是偶数，因此两个区域之间如果没有线隔开，它们当然是在曲线的同一"侧"，于是我们的定理依然成立。

当我们从区域A的任何部分沿任何途径进入区域B的任何部分，我们将穿过偶数条线。在图中，用虚线表示了这样的一条途径。正像你所看到的，它穿过4条线，是偶数条。因此，不管这条曲线的其余部分是什么样子，我们可以肯定地说，区域B也是内部！

★答案 34

有办法。按照如下的步骤，这件毛线衫就可以翻个面：

（1）把毛线衫拉过头脱下，这样一来它就翻了个面，让它里面向外地挂在绳子上，如下页图1所示。

（2）把毛线衫从它一只袖子中塞过去，这样它又翻了个面。现在它正面向外地挂在绳子上（下页图2）。

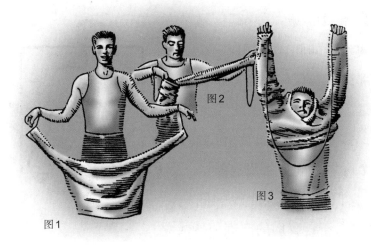

图2

图3

图1

（3）逆着把毛线衫脱下来时的做法，再把毛线衫套过头穿上。这就让毛线衫第三次翻了个面，使它反面朝外地穿在你的身上(图3)。

在你尝试之前，看看你是否能够在脑海中呈现这个过程。如果你毛线衫胸前绣有学校名称的字样，在你完成上述3个步骤以后，这些字样是贴着你的前胸还是后背？

★答案 35

用3分钟的时间烤完3片面包而且是两面都烤，是一件简单的事。我们把3片面包叫作A、B、C。每片面包的两面分别用数字1、2代表。烤面包的程序是：

第一分钟：烤A1面和B1面。取出面包片，把B翻个面放回烤面包机。把A放在一旁而把C放入烤面包机。

第二分钟:烤B2面和C1面。取出面包片,把C翻个面放回烤面包机。把B放在一旁(现在它两面都烤好了)而把A放回烤面包机。

第三分钟:烤A2和C2面。至此,3片面包的每一面都烤好了。

★答案 36

埃迪在他的数字中隐藏的花招是,他对时间进行了有重叠的分类。这样,同样的一段时间就会不止一次地被计及。举一个例子,在他那60天的暑假期间,他既要吃饭又要睡眠。这些吃饭和睡眠的时间,既被计入暑假时间之中,又分别被计入全年的吃饭时间和睡眠时间之中。

重叠分类,是统计工作中,特别是医学统计工作中十分常见的一种错误。你可能在什么地方读到过这样的报道:在某个社区中,30%的人患维生素A缺乏症,30%的人患维生素B缺乏症,30%的人患维生素C缺乏症。如果你从这个报道得出只有10%的人不患这三种维生素缺乏症的结论,那你就犯了一种推理上的错误。这种错误的推理与埃迪对劝学员狡辩时所用的那种属同样的类型。可能是社区中

30%的人患了所有这三种维生素缺乏症,而其余70%的人根本没有患任何维生素缺乏症!

★ 答案 37

黄先生系的是白领带。

白先生系的是蓝领带。

蓝先生系的是黄领带。

黄先生不可能系黄领带,因为这样他的领带颜色就与他的姓相同了。他也不可能系蓝领带,因为这种颜色的领带已由向他提出问题的那位先生系着。所以黄先生系的必定是白领带。

这样,余下的蓝领带和黄领带,便分别由白先生和蓝先生所系了。

★ 答案 38

当传教士问高个子的土著人是不是说实话的人时,答话中"Oopf"的意思必定为"是"。如果这位土著人是个说实话的人,他一定如实地答复"是";而如果他是个说谎话的人,他一定隐瞒真相,仍然答复"是"。

因此,矮个子的土著人告诉传教士,他的伙伴说的是

"是"，他说的是真实情况。从而，他说他的伙伴是个说谎的人，他说的也必定是真实情况。

结论：高个子是一个说谎的人，矮个子是一个说实话的人。

★答案 39

没有方法可以解决这道趣题。或许你是作了长时间的努力，想拼成这个长方形，结果一事无成，才使自己相信这个结论的。但是，一位数学家从来不会满足于仅仅是猜测某件事情的不可能性。他要证明这一点。在本题的情况下，有一个简单得惊人的方法可以作出这个证明。

首先把长方形中的小正方形涂上颜色，使它看起来像个国际象棋棋盘（下页图1）。如果你试着把四小方A、B、C、D放到棋盘上，你会看到，不管你把它们摆在什么地方，每一个四小方必定是盖住两个黑正方形和两个白正方形。于是，4块四小方一起盖住的总范围一定总是8个黑的和8个白的正方形。

可是，对于四小方E，情况就不是这样了。它总是盖住一种颜色的3个正方形和另一种颜色的一个正方形。

这个长方形有10个白色的小正方形和10个黑色的小

正方形。无论我们把四小方A、B、C、D摆在什么地方,我们将必定盖住黑白两色各8个正方形。这样留给四小方E盖的是两个黑的和两个白的正方形。但是,E不能盖住两个白的和两个黑的正方形。因此,这道趣题是不可解的。

图2显示了一个像摩天大楼形状的图形,其中黑正方形比白正方形多两个,因此我们的不可能性证明对此不再适用了。试着用那5块四小方拼成这个图形。这能办到!

图1

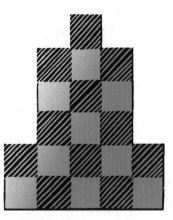

图2

★答案 40

（1）由给定的三条边构成的"三角形"是一条直线（数学家们有时称之为"退化三角形"）,因此它根本没有面积。在题目的附图中,的确画了一个三角形,但那正是为了把你引入歧途,它的三条边不可能是所注的长度。

（2）

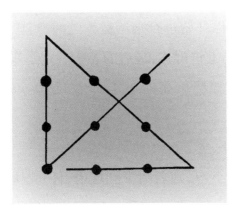

（3）由于棒球是很大的点，像图示的那样，画两条相交于右方远处的直线，所有这些棒球都能够被它们穿过。

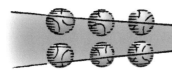

（4）这道题目有十五种不同的答案，但是玩的都是同样的小花招。例如，放七块糖在一只杯子中，两块在另一只杯子中，一块在第三只杯子中。现在把最后一只杯子放进第二只杯子之中。这样，第二只杯子中就有三块糖了！

（5）琼斯要买的是门号牌。

（6）从9到1的数字按逆顺序排列是：

$$1—2—3—4—5—6—7—8—9$$

（7）在你开始进行乘法运算之前,可曾注意到末了的那个零?它马上告诉你,最后的答案一定是零!

（8）拉林贾伊蒂斯享年59岁(因为不曾有过公元0年)。

（9）狗医生是波米拉尼亚品种,是一种尖嘴、竖耳、有光滑长毛的小狗,她名叫亨利埃塔,体重9磅;而猫护士是一只硕大的雄猫,他的体重是18磅。如果你假定狗是"他"而猫是"她",你可能要对这道题目表示绝望了。

（10）这里没有什么需要解释的,因为80分钟同一小时又二十分是一回事。

（11）这位数学家只睡了一个小时。闹钟在那个晚上的9点就把他闹醒了。

（12）30除以 $\frac{1}{2}$ 等于60,因此当你加上10后,最终答案为70。

（13）剩下3个苹果。

（14）13 × 1=13。

（15）他只撕掉了4张纸,因为第111页和第112页是同一张纸的两面。

（16）那台钟敲12点要用11秒钟,因为各次敲响之间的间隔是1秒钟。

（17）两次相互垂直的切割,将把这张薄煎饼切成4块。把它们摞成一叠,用第三刀使它们一分为二,就得到了8块薄煎饼。

（18）这四位青年是四个活跃的爵士音乐家。

（19）这瓢虫爬行的常速是每2秒1英寸。你可曾注意到,从这把直尺的中点到1英寸刻度线处只有5英寸的距离?

（20）这些数字的排列,按照的是它们读音的汉语拼音字母顺序①。

（21）12。

（22）当这几卷书立在书架上的时候,第一卷的第一页是在这本书的右侧,而第四卷的最后一页是在这本书的左侧。因此,蛀虫只是蛀穿了第一卷的封面、第二卷和第三卷的全部,以及第四卷的封底,全程的距离为 $4\frac{1}{4}$ 英寸。

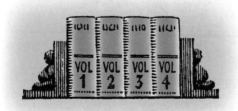

---

① 原文是按照这些数字英文写法的字母顺序。为适合我国读者,特别是不懂英语的读者,题目做了改动,故这里答案也相应做了改动。——译者注

（23）把图倒过来，圈下三个6和三个1。

（24）把最下方的那枚硬币叠置于左角的那枚硬币之上。

（25）由于镇里只有两位理发师，每位理发师必然要给对方理发。逻辑学家挑选的是给对方理出好发式的那位理发师。

（26）这两位小伙子是三胞胎中的两个。

（27）这个问题毫无意义。美元可以与美元相加或相减，但是除了纯粹的数之外，美元不能和其他任何东西相乘或相除。

（28）这位小伙子身上穿着一件水手服！

★答案 41

　　由于外轮的旋转速度为内轮的两倍,所以外圆周长应是内圆周长的两倍。所以,外轮与内轮之间的5英尺应等于外圆半径的二分之一,换句话说,外圆的直径等于20英尺,它的周长应为20π,即大约62.832英尺。

★答案 42

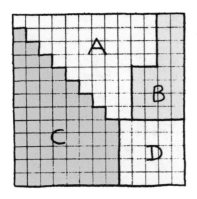

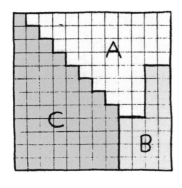

★答案 43

他要射中11分的苹果两次,13分的苹果六次,这样才能得到100分。威廉·退尔左脚旁边的网桩影子之长是桩子高度的一半。旗杆的影长是35码,于是我们估计旗杆的高度为70码,即210英尺。

★答案 44

第三个三角形的直角边为30英尺与224英尺,斜边等于226英尺。

(面积相等而边长为整数的不同直角三角形的个数并无限制。要想知道此类三角形的简单求法,请读者们参阅亨利·杜德尼①的《坎特伯雷趣题》(*The Canterbury Puzzles*)第107题。——马丁·加德纳)

★答案 45

我们必须假定,当鲁宾逊付出2500美元以获得布朗与琼斯的合伙商行的三分之一股份时,他所投的资金是值得的。因此在鲁宾逊合伙进去之前,该商行的股份总值应为

---

① 亨利·杜德尼(Henry Dudeney,1857—1931),与萨姆·劳埃德同时代的著名英国趣题家。——译者注

7500美元。由于布朗所掌握的股份是琼斯的1.5倍,所以他的股份应是4500美元,而琼斯为3000美元。鲁宾逊的2500美元的分配应使这三位合作伙伴股权相等,或者说,大家的投资额都应是2500美元。所以布朗应分到鲁宾逊投资额中的2000美元,而琼斯应分到500美元[①]。

★答案 46

(劳埃德给出了本问题前后两部分的答案,但没有说明解法,第一部分的最简单解法如下:

设整个队伍的长度为1,大军向前推进这一长度的所需时间也等于1,由此可见大军行进的速度也是1。设 x 为传令兵所走的路程,当然这也就是他的速度。他在向前疾驶时,他与前进中的部队的相对速度为 $x-1$;而在返回途中,相对速度则是 $x+1$。前进也好,返回也好,每一段路程都是1(相对于这支大军而言),而这两段路程是在单位时间内完成的,从而我们可以得到下列方程:

$$\frac{1}{x-1}+\frac{1}{x+1}=1。$$

此方程经过整理、化简后,可得一元二次方程:

$$x^2-2x-1=0。$$

[①] 此题历来引起许多读者的争议,有人认为此种分法不合理。——译者注

由此求出 x 的正根为 $1+\sqrt{2}$ 。我们将它乘以 50,即可得出最后的答数 120.7$^+$ 英里。换句话说,传令兵所走过的路程等于大军的长度再加上该长度的 $\sqrt{2}$ 倍。

问题的第二部分也可以用类似方法去求解。这时,传令兵与行进中的军队的相对速度分别为:他在前进时为 $x-1$,返回时为 $x+1$,向两边走时为 $\sqrt{x^2-1}$ 。(他从哪里开始对问题是没有影响的,因此为了简单起见,我们不妨认为他的出发点是在方阵后沿的角上,而不是在后沿的中央。)同前面一样,每段路程对这支大军而言都是 1,由于他在单位时间里走完了四段路,于是我们得以列出下面的方程:

$$\frac{1}{x-1}+\frac{1}{x+1}+\frac{2}{\sqrt{x^2-1}}=1 。$$

经整理后,此方程是一个一元四次方程:

$$x^4-4x^3-2x^2+4x+5=0 。$$

满足问题各项条件的解只有一个,即 $x=4.181\,12^+$ 。再乘以 50,就得到最后的答数 209.056$^+$ 英里。——马丁·加德纳)

★答案 47

珍妮的办法是把左边的小圆圈移到极远的右方,如下页图所示。

★答案 48

由已知事实可得出下面的结论,杰克吃瘦肉的速率为10星期吃一桶,因此他将用5星期吃完半桶。在这段时间内,他老婆(吃肥肉的速率为12星期吃一桶)将吃掉 $\frac{5}{12}$ 桶肥肉,这就留下 $\frac{1}{12}$ 桶肥肉让他们夫妻合吃,其速率为60天吃完一桶。因而他们将用5天时间把肥肉统统吃光,于是总时间为35天再加上5天,即一共需要40天。

★答案 49

每位师傅的要价是:

裱糊匠 ➡ 200美元

油漆工 ➡ 900美元

水暖工 ➡ 800美元

电　工 ➡ 300美元

木　匠 ➡ 3000美元

泥水匠 ➡ 2300美元

(解决这类问题的方法可以改编成一种用一美元

钞票来变的戏法,详见拙著《数学、魔术与神秘主义》(*Mathematics,Magic and Mystery*)第52页。——马丁·加德纳)

★答案 50

为了保持在"昏睡山谷"(*Sleepy Hollow*)中的冠军地位,瑞普应该击倒第6号木柱。这样一来,木柱就将被分成1根、3根、7根三组。接下去,无论瑞普的对手施展什么伎俩,只要瑞普采取正确的策略,对手一定要输。矮山神要想取胜,他开始时应该击倒第7号木柱,以便将木柱分成各有6根木柱的两组。此后,无论瑞普投掷哪一个组里的木柱,山神只要在另一组里重演瑞普的动作,直到最终取得胜利为止。

(萨姆·劳埃德提到的这种游戏的历史不值得认真当它一回事,这不过是他的一种手段。这游戏其实是所谓"开勒司"(kayles)游戏的翻版,发明者为英国的亨利·杜德尼。瑞普也可以击倒第10号木柱,这仍然留下木柱数为1、3、7的三组。有关此游戏的详细分析,请参看杜德尼的《坎特伯雷趣题》第73题,以及W.劳斯·鲍尔(W.Rouse Ball)的《数学游戏》(*Mathematical Recreations*)。——马丁·加德纳)

★答案 51

琼斯家的孩子比史密斯家的孩子多卖了220份报纸，原来的报纸数为1020份。

★答案 52

第一条街道，这送奶人分发了32夸脱纯牛奶，第二条街道是24夸脱，第三条街道18夸脱，第四条街道 $13\frac{1}{2}$ 夸脱，一共是 $87\frac{1}{2}$ 夸脱。

★答案 53

沿直线切7刀，可以把圆形薄饼分成29块。

整数边直角三角形的边长分别为47、1104、1105。奇怪的是小丑居然选中了47，这种情况下只有一个整数解。如果他说用48根横杆，那就会有10个解。

我在给出小丑贝波对问题"剑为什么要做成弯曲形状"的答案时，不禁感到脸红——剑之所以弯曲，原来是为了适合剑鞘的形状！

★答案 54

只要把4艘战舰移至中央，如下页图所示，这时舰队就

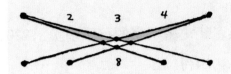

可排出4列,而每列各有4艘战舰。第5列就是最底下的那个水平行。

★答案 55

　　(萨姆·劳埃德的《大全》中没有交代这一游戏的取胜策略,但它实际上同"抢壁角游戏"是一样的,后者就是亨利·杜德尼《数学中的乐趣》一书中的第394题。农夫的策略是要走到与火鸡所占位置成斜对角的位置上,直至把火鸡逼到边上,以后他就可轻易取胜。如果农夫先走的话,他必须走到35号位,这样火鸡就无法占优,因为在9号位与10号位之间是一个空白。下面的示范性对局将使上述策略变得一清二楚:

火鸡	农夫
8	50
30	47
29	46
37	45
29	38
28	37
51	29
60	52(赢了)

——马丁·加德纳)

第二个问题可以用24步解出如下：52，14，15，8，9，16，18，10，11，42，39，31，33，25，22，45，50，4，5，64，60，2，3，7。

★答案 56

　　（对于这个著名的问题，萨姆·劳埃德的答案并不正确。他说猴子爬绳时，将会以越来越快的速度向下降。

　　正确的答案应该是，不管猴子怎样爬，爬得快也好，爬得慢也好，甚至跳跃着爬也可以，猴子和砝码总是处在面对面的位置。猴子不可能高于砝码，也不可能低于砝码，甚至当它放掉绳索，掉下来，又抓住绳索时也是如此。

　　刘易斯·卡罗尔对这道题目的说法可以在他的《日记》（*Diary*）第2卷第505页上查到。

　　对这个问题的讨论，可参看S.D.科林伍德(S.D. Collingwood)的著作《刘易斯·卡罗尔的生活与通信集》（*The Life and Letters of Lewis Carroll*）第317页、悉尼·威廉斯（Sidney Williams）和福尔克纳·马登（Falconer Madan）的《可敬的C.L.道奇森的文献手册》（*A Handbook of the Literature of the Reverend C.L.Dodgson*）第xvii页，以及S.D.科林伍德的《刘易斯·卡罗尔插图全书》（*The Lewis Carroll Picture Book*）第267页。在最后一种参考书里也收

录了一位英国牧师的观点,他认为,砝码总是保持不动。

对这道趣题的完整分析,请参看A.G.塞缪尔森(A.G. Samuelson)的来信,详见《科学美国人》(*Scientific American*)杂志,1956年6月号,第19页。——马丁·加德纳)

★答案 57

每次售价是上一次售价的 $\frac{2}{5}$,因此,下一次降价时,一顶帽子的价钱将是51.2美分。

★答案 58

(设 x 表示鲁本叔叔实际所买帽子的价钱,y 表示他的衣服的价钱,则辛西娅所买帽子的价钱也是 y,而其衣服的价钱为 $x-1$。我们知道,$x+y$ 等于15美元,所以如果将他们所花费的15美元分作两份,而其中一份是另一份的一倍半的话,则一份必然是6美元,另一份必然是9美元。利用这些数据即可列出下列方程:

$$9+x-1=6+15-x。$$

由此可求出 x 为6.50美元,即鲁本买帽子所花的钱。从而他买衣服所花的钱为8.50美元。于是得知:辛西娅买帽子用去8.50美元,买衣服用去5.50美元,全部消费金额

为 29 美元。——马丁·加德纳）

★答案 59

（1）有无限多种办法把一个希腊十字架分成四块，再把它们拼成一个正方形，下图给出了其中的一个解法。

奇妙的是，任何两条切割直线，只要与图上的直线分别平行，也可取得同样的结果，分成的四块东西总是能拼出一个正方形。

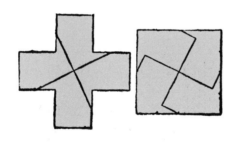

（2）

（3）

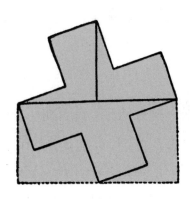

★答案 60

下图所示的巡逻路线可使警察克兰西经过每一座房屋。

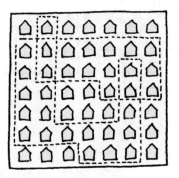

★答案 61

（萨姆·劳埃德的《大全》中没有给出此题的答案。把没有字母的棋子放在图形上是并不困难的。我们可以设想一些用线连接起来的木头碟子。把线拉开,使之成为一个大圆时,木头碟子的排列顺序应当是:1-3-5-7-9-11-13-2-4-6-8-10-12。现在很容易看出要把12枚棋子全部放上去所应采取的办法。假定我们把第一枚棋子放在第13号位置,那么下一枚棋子必须放在4号或9号,然后再移到11号或2号以便同13号位置相邻。第三枚棋子也应放到一个相应的位置上,以便在它移动后与已经放好的棋子相邻,其余棋子的放法以此类推。

对问题的第二部分来说,我不知道萨姆·劳埃德心中想的是什么单词,但我怀疑它是"Wooloomooloo",澳大利亚悉尼市杰克逊港附近一个海湾的名称。这个地名目前的拼法是13个字母——Woolloomooloo——但肯定在萨姆·劳埃德的时代,12个字母的拼法是对的,因为他把这种拼法作为一道所谓"袋鼠趣题"的答案,这道趣题出现在《大全》的其他地方。

劳埃德告诉我们,设计这道"袋鼠趣题"是为了说明下列事实:每个单词都有着"它自己在构造上的独特之处,都有可能用趣题形式予以刻画"。

这道趣题用了下面这个图形:

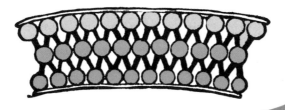

问题要求把一个12个字母的单词放在上面的一排小圆中,字母当然要按适当的顺序放置,然后将它们移动到底下那一排去。移动时,每个字母可沿着黑线每次走一步,或者像跳棋那样,跳过另一个字母走到一个小圆中。最后,在底下那一排小圆中必须正确地拼出这个单词。任何12个字母的单词都能满足要求,但本题要求用最少的步数来完成(跳一次也算一步),而"wooloomooloo"只要用12步就行了。

在萨姆·劳埃德的时代,所有美国远洋轮船停泊悉尼时都在那个海湾,因而对他的绝大多数读者来说,这是一个人们非常熟悉的地名,很难想象还有别的英语单词能满足他这个"亨利·乔治的趣题"了。——马丁·加德纳)

★答案 62

小球弹跳的距离为218.777 77……英尺,即218英尺9$\frac{1}{3}$英寸。

★答案 63

那两个关键词是PEACH BLOWS(一个著名的马铃薯品种)。这就是翻译码本,它们的字母顺次代表1、2、3、4、

5、6、7、8、9和0。你只要按此规则替换,那么加起来的总和将是ALL WOOL,确实是一种很有意思的巧合。

★答案 64

（杰克上下山的时间正好是6.3分钟,或6分18秒。

此题可用代数方法解出。2x代表杰克的上山速度,3x为他的下山速度,2y为吉尔的上山速度,3y是她的下山速度。令杰克和吉尔相遇时杰克用去的时间与吉尔用去的时间相等;然后再把杰克用去的总时间加上半分钟,使之等于吉尔用去的总时间。从上面这两个联立方程中即可解出x及y。——马丁·加德纳）

★答案 65

汉克有11头牲口,吉姆有7头,杜克21头,共有牲口39头。

★答案 66

骰子顶面上的点数肯定是1点,它同一个侧面上的4点相加,使一位局中人得了五分;而另三个侧面上的点数(5、2、3)相加之后,其和为10,这就使另一位局中人赢了五分。

十进制数109 778相当于六进制中的2 204 122。最右面的数码表示个位数,次一位数码表示6的个数,第三位数码表示36的个数,第四位数码表示216的个数……,依此类推。这种数制的基础是6的幂而不是10的幂。

★答案 67

下面左图表明9只蛋怎样放得能连出10条直线,使每条直线有3只鸡蛋。右图则表明怎样连续地画出4笔,扫过所有9只鸡蛋。

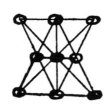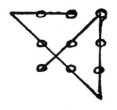

(第二个问题是一个著名的古典几何趣题,经常被心理学家用来作为一个实例,表明在思考问题时,人的心理上会无意识地施加一些不必要的限制条件。题目中根本没有要求把笔画限定在那正方形内。——马丁·加德纳)

★答案 68

由第三图可知,2只水壶与3个碟子质量平衡,所以1

个碟子的重量相当于水壶质量的 $\frac{2}{3}$。现在可以在第二图天平的两边各加 1 只杯子,这时,左边秤盘上的东西就与第一图中左边的东西相同了。这表明,1 只水壶的质量等于 1 个碟子和 2 只杯子的总质量。但既然 1 个碟子的质量等于 1 只水壶质量的 $\frac{2}{3}$,则 2 只杯子的质量就等于 1 个水壶质量的 $\frac{1}{3}$,故知 1 只杯子的质量等于 1 只水壶质量的 $\frac{1}{6}$。

在第一张图中,我们看到,1 只杯子(其质量为 1 只水壶的 $\frac{1}{6}$)加 1 只瓶子与 1 只水壶平衡。由此可求出,瓶子的质量是水壶质量的 $\frac{5}{6}$,因此,要使最底下图上的瓶子取得平衡,需要 5 只杯子。

★答案 69

只要剪 12 刀,就可以把这吊床一分为二。具体剪法请参看下图。

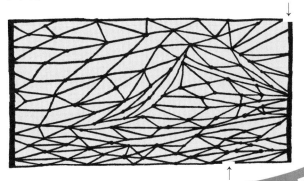

★答案 70

自左至右,假定各节车厢与机车分别用a、b、c、d、e、f、g、h和i来表示,e是那辆出了故障的机车,f是那辆全力承担一切工作的机车。本题可通过f的31次方向转换得到解决。

下面各段文字末尾括号中的数字代表这段中f的方向转换次数。

机车f直接开到机车e处,钩住e,把它拉到D段(1)。

f通过侧线,钩住d,把d拉到D段,同时把e推到右边(3)。

f通过侧线,钩住c,把c拉到D段,把d推到右边(3)。

f通过侧线,钩住b,把b拉到D段,把c推到右边(3)。

f通过侧线,钩住a,把a拉到D段,把b推到右边(3)。

f通过侧线,开到右边,将a推到b处,现在车厢abcdeg已连到一起了(3)。

f把abcdeg拉到左边,然后把g推到A段(2)。

f把abcde拉到左边,然后把它们推到右边(2)。

f单独开到左边,然后又开回来,钩住g,把g拉到左边(3)。

f向右开,把g推到a。g与a钩住后,f把所有车厢与机车拉到左边(2)。

f把h与i推到A、B段,然后把gabcde拉到左边,然后又把它们统统推到右边(3)。

f把g拉到左边,开倒车,使g与h钩住,把ghi拉到左边,然后继续它们的旅程(3)。

另一列火车,机车在前,各节车厢保持着原先的顺序,依然停在侧线右边的正线上。

★答案 71

琼斯与玛丽亚共有300只小鸡,鸡饲料足够维持60天。

★答案 72

为了解决这类问题,首先应算出人与猪在直线上向前行进时,人要走多少路才能追上猪。这一数字还应加上人与猪在直线上相向而行时,人把猪抓住的行走距离。把结果除以2,这就是你要求的追猪的人所走过的路程。

对本题来说,猪在250码外,而人与猪的速度之比为4比3,所以如果人同猪都在一条直线上向前方行进,则人走了1000码之后就可追上猪。如果人同猪相向而行,那么人要抓住猪,走的路将是250码的 $\frac{4}{7}$,即 $142\frac{6}{7}$ 码。把以上两

个距离数相加,再除以2,结果是$571\frac{3}{7}$码,这就是此人走

过的路程。由于猪的速度为人速的$\frac{3}{4}$,所以猪走的路程是

人的$\frac{3}{4}$,也就是$428\frac{4}{7}$码。

(如果猪同人走得一样快,或者比人还快,则从萨姆·劳埃德的法则可以得出结论:人根本抓不住猪。但若人速超过猪速,则猪是一定能够被抓住的。人的追猪路线是一种最简单的"追赶曲线",对它的研究已成为一个极有趣的数学分支,也许可以称为"趣味微积分"吧!——马丁·加德纳)

★答案 73

买主买下了装有13加仑油和15加仑油的两桶,每加仑付给50美分;又买下装有8加仑醋、17加仑醋和31加仑醋的三桶,每加仑支付25美分。

这样就剩下19加仑的那只桶了,它里面可能装着油,也可能装着醋。

★答案 74

(1) 下页图1表明怎样把正方形裁剪成五块,重新拼

为同样大小的两个希腊十字架。其中的一块已经是十字架了,而另外的四块则可以拼成第二个十字架。这种解法为人们所熟悉之后,我又发现了一种新的解法,只要把正方形裁剪成四块,也可以获得同样的结果。具体如图2所示,用这四块就可拼出右边那两个十字架。

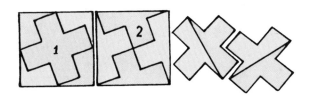

(2)把正方形裁剪成五块(剪法见下左图),即可拼出两个不同大小的希腊十字架,A块本身便是一个较小的十字架,而另外四块可以拼成下右图那个较大的十字架。

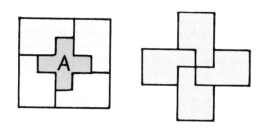

(3)下页图表明怎样把希腊十字架裁剪成五块,拼成同样大小的两个十字架。其中的一块本身就已经是十字架,另外的四块则可拼成第二个十字架。

（有关希腊十字架分割问题的详细讨论，请大家参见亨利·杜德尼的著作《数学中的乐趣》中有关的专门介绍。——马丁·加德纳）

★答案 75

九个非零数码之和等于45，它是9的倍数。不管这些数码以及0怎样排列而得出两个数，其和肯定也是9的倍数。

另外，把9的倍数中所有的数码统统加起来，结果也必定是9的倍数。所以我们只要把答案中能看到的数字加起来，此时的结果为10，再从18(9的倍数中大于10并与10最接近的数)中减去10，得到的8便是被抹掉的数码。

★答案 76

（设x为这位太太所买火鸡的磅数，当然这也是鹅的磅数，则可列出下面的方程：

$$\frac{21x}{24} + \frac{21x}{18} = 2x + 2。$$

解此方程,可求出 x 的值为48。所以,这位太太买火鸡花了11.52美元,而买鹅花了8.64美元,一共用掉20.16美元。——马丁·加德纳)

★答案 77

瓜农琼斯原有719只甜瓜,他按1美元可买一打的价钱卖出了576只瓜,得款48美元。余下的143只甜瓜则按1美元13只的价钱出售,得款11美元。因此,719只甜瓜他一共可以卖到59美元。

(120只西瓜所堆成的三角形金字塔同560只西瓜堆成的三角形金字塔合并起来,可以堆成一个包括680只西瓜的更大的三角形金字塔。计算这些四面体数的公式是:

$$16n(n+1)(n+2)^{①}。$$

——马丁·加德纳)

★答案 78

每个小伙子开始时手头都有25美元,杰姆以15∶1的赔率押下赌注15美元,赚到了225美元,使他的赌本增至250美元。杰克以10∶1的赔率押进赌注10美元,赚了100

---

① 原书误印为 $\frac{1}{6n}(n+1)(n+2)$,已代为更正如上。——译者注

美元,使其赌本增至125美元,正好是杰姆的一半。

★答案 79

(此题的列方程要比一般人所想象的困难得多。设 x 为旅馆到途中小屋的距离,则当马车在中途休息30分钟时,此人走了 $x-4$ 英里,从而可知该人的速率为每小时 $2x-8$ 英里,因为马车走了 x 英里时,此人走了 4 英里,所以马车的速率为 $\dfrac{x(x-4)}{2}$。

现在可以写出含有 x、y 的两个方程,y 为途中小屋到派克镇的距离,其中一个方程的等量关系为:此人步行全程不到 1 英里所花的时间应等于马车走完全程的时间再加上 30 分钟。另一个方程的等量关系是:此人从途中小屋步行到派克镇所花费的时间再加 15 分钟应等于马车走同样一段路所需的时间加上 30 分钟。

由方程组可以解出 $x=6$,$y=3$,所以从旅馆到派克镇的总距离为 9 英里。马车每小时走 6 英里,而此人的步行速度为每小时 4 英里。——马丁·加德纳)

★答案 80

(萨姆·劳埃德的第一个太极图问题的解法见下页图

中的中间那幅图。两边的图则是他第三个问题的解法。他声称,为了解决第二个问题,只要在中间那幅图中从A到B切一刀就行。至于A、B两点的确切位置,及其美妙证法(表明它确实把阴阳两部分分成了相等的面积),请读者参看亨利·杜德尼的《数学中的乐趣》一书第158题。另外,也请参阅该书第160题,其提法同萨姆·劳埃德的第三题略有不同。——马丁·加德纳)

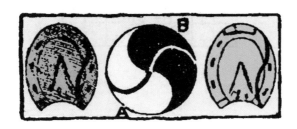

★答案 81

这位大发善心的贵夫人开始时口袋里有42美分。

★答案 82

两个孩子过日子过得太糊涂了,竟在星期天早晨去上学!

★ 答案 83

此题相当困难，解法如下图所示。

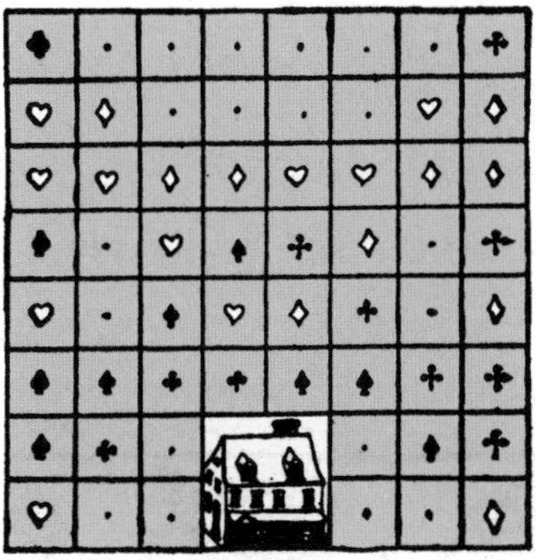

★ 答案 84

水壶同吊桶、灯罩等物，其形状一般都是圆台，就是将圆锥沿平行于其底面的方向切去其顶部而形成的立体。其体积可从大圆锥中减去被切掉的小圆锥而求出，也可按照下面更简洁的公式去求：

$$\frac{\pi h}{3}\,(R^2+r^2+Rr)。$$

此处 h 为圆台的高，R 与 r 分别为底面及顶面的半径。对本题来说，已知水壶的高为 12 英寸，其中一个底面的半径是另一个底面半径的 2 倍。设 R 表示底半径，而 $2R$ 为顶半径，则体积应该是 $28\pi R^2$。由于体积为 25 加仑或 5775 立方英寸,由此容易算出水壶边缘的直径大约等于32英寸略多一点。

★答案 85

菲多10岁,他的姐姐30岁。

★答案 86

一共有15只蜜蜂。

★答案 87

木匠说,他做了一只箱子,它的内部尺寸正好与原来那木块相同,即3英尺长,1英尺宽,1英尺厚。接着他把雕刻木柱放入这只箱内,用一种干燥的细沙将所有空的地方填满,然后小心地摇动,使细沙紧实,直至箱内不能再放入细沙为止。于是他取出木桩,注意着不丢失一粒细沙。将单独留在箱中的细沙摇紧实,结果细沙所填充的空间等于一立方英尺。因此这就是被削掉木料的量。

★答案 88

（在《大全》的解答部分,劳埃德给出的解是不合格的。例如

$$\begin{array}{r} 70 \\ 13 \\ 6 \\ 5 \\ 4 \\ \hline 98 \\ 2 \\ \hline 100 \end{array}$$

这需要经过两次相加,从而违反了题目中所说的条件。

另外,劳埃德也给出了六个解答,其中都用到分数(显然,认为可以用小数点来代替分数线)。

例如

$$\begin{array}{r} 24\frac{3}{6} \\ 75\frac{9}{18} \\ \hline 100 \end{array}$$

我不知道劳埃德心里想的“真正解答”究竟是指什么,但如果可以允许把那4个点作为循环小数上的循环节记号,就像本书中劳埃德不时耍弄的“哥伦布式花招”那样,则本问题应有以下的正确解法:

$$79.\overset{\cdot}{3}\ (即\ 79\frac{1}{3}\ )$$

$$8.\overset{\cdot}{6}\ (即\ 8\frac{2}{3}\ )$$

$$5$$

$$4$$

$$2$$

$$\frac{1}{0}$$

$$100$$

——马丁·加德纳）

★答案 89

下图所示的路线只需要14个直角转弯。

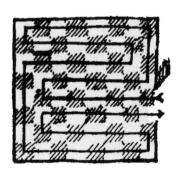

★答案 90

用倒推法很容易解出本问题。赌博开始时,我有着

260美元,男爵80美元,伯爵140美元。

★答案 91

对付这种不正常的天平,可以记住一个窍门:把物体放在天平的某一端称一下,再放到另一端称一下,将所得的两个结果相乘,然后把乘积开平方根,结果就是物体的真正质量。

已知一个角锥形砝码重1盎司,所以检查员的第一次称量表明,立方体砝码的重为$\frac{3}{8}$盎司。他的第二次称量(立方体砝码放在另一只盘里)表明,立方体砝码质量为6盎司。由于$6 \times \frac{3}{8} = \frac{18}{8}$,即$\frac{9}{4}$,其平方根为$\frac{3}{2}$,即$1\frac{1}{2}$盎司,所以1只立方体砝码的质量为$1\frac{1}{2}$盎司。因而在一台正常的天平上,8只立方体砝码同12只角锥形砝码正好能平衡。

★答案 92

下页图给出了16枚棋子的放法。由于题目规定,有2枚棋子必须占据中央的几个方格,因而排除了许多其他答案,否则它们也都可认作正确。

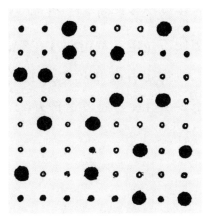

★答案 93

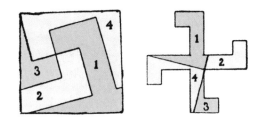

★答案 94

后走者只要把花瓣分成数量相等的两组就一定能赢得雏菊游戏。

譬如说,若先走者摘一片花瓣,则后走者可摘取对面的两片花瓣,使留下的两组各有五片花瓣;如果先走者摘取两片花瓣,则后走者摘取与之相对的那片花瓣,结果也同上面一样。这样做了之后,后走者只要"模仿"先走者的动作就行了。例如若先走者拿走两片花瓣,在一组中留下2-1这种组合时,则后走者也可以拿走对应的两片花瓣,使另一组中也留下2-1组合。通过这种办法,他肯定能走最后那一步,于是他就赢了。

★答案 95

射6箭就可正好凑满100分,各箭的得分是:17、17、17、17、16、16。

★答案 96

贵夫人每周要布施给乞讨者120美元,那批人原来有20名。

★答案 97

每位缪斯原先有48只苹果,而每位美惠女神有144朵花,每种颜色36朵。每位美惠女神给每位缪斯12朵花(每种颜色3朵),而每位缪斯又回赠每位女神4只苹果。如此互赠之后,每位仙女都有36只苹果与36朵花(每种颜色9朵)。

★答案 98

男孩的年龄是5岁。

★答案 99

奥尼尔太太买香蕉用了33.60美元,她可以买到48串红香蕉,48串黄香蕉,一共96串。但如果把买香蕉的钱对半分开,用16.80美元买红香蕉,再用16.80美元买黄香蕉,那么她可以买到42串红的,56串黄的,一共98串。

★答案 100

在老鹰看来,经过39次日出到日落的时间,它完成了全程飞行。然而地球却是自转了$39\frac{1}{2}$圈,所以在美国华盛顿市的市民看来,老鹰的整个飞行历时$39\frac{1}{2}$天。

★答案 101

在所罗门王的印记中,一共可以找到31个不同的等边三角形。

★答案 102

（下落20英尺后，物体的速度为35.777英尺/秒（落体速度的平方等于重力加速度与下落距离乘积的两倍）。在这个速度下，一个30磅重物的动量是1073.310。两头山羊的总重量为111磅，要让它们撞击时达到足以击碎脑壳的动量1073.310，它们相撞时的相对速度至少要等于9.669英尺/秒。——马丁·加德纳）

★答案 103

巴盖恩亨特太太在星期六以每只13美分的代价买进10只盆子，她在星期天将盆子退货，换进18只碟子（每只3美分）与8只杯子（每只12美分），总价1.50美元（她是按每只15美分的价钱退回那10只盆子的）。在星期六，她的1.30美元可以买到13只杯子，每只价钱为10美分。

★答案 104

（这个问题在劳埃德的《大全》中并未给出答案，但极易用代数方法算出。设 x 为路程的长，y 为去时所花的时间，z 为返回时所花的时间，则已知 $\frac{x}{y}=5$，$\frac{x}{z}=3$，而 $y+z=7$。

由这些方程可求出往返路程等于 $26\frac{1}{4}$ 英里。——马丁·加德纳）

★答案 105

（设 $\frac{1}{x}$ 为莫德滑行 1 英里所需要的时间，从而珍妮的滑行时间为 $\frac{1}{2.5x}$ ，于是我们可以列出下面的方程：

$$\frac{1}{x} - \frac{1}{2.5x} = 6。$$

由此求出 $x=0.1$，于是可知珍妮的滑冰时间为 4 分钟，而莫德是 10 分钟。——马丁·加德纳）

★答案 106

$$80.\overset{\cdot}{5}（即\ \frac{55}{99}）$$
$$0.\overset{\cdot}{9}\overset{\cdot}{7}（即\ \frac{97}{99}）$$
$$0.\overset{\cdot}{4}\overset{\cdot}{6}（即\ \frac{46}{99}）$$
$$\overline{}$$
$$82$$

★答案 107

圆形跑道的直径同问题无关。当它们相遇时，兔子已

走完全程的 $\frac{1}{6}$，而在兔子行走的这段时间内，乌龟走了全

程的 $\frac{17}{24}$，因此乌龟的行走速度是兔子速度的 $\frac{17}{4}$ 倍。兔子

还有 $\frac{5}{6}$ 的路程要跑，而乌龟只有 $\frac{1}{6}$ 的路程了。所以兔子的

速度必须至少是乌龟的 5 倍，也就是它自己在前一段行走

速度的 $\frac{85}{4}$ 倍才行。

★答案 108

比尔工作了 $16\frac{2}{3}$ 天，旷工 $13\frac{1}{3}$ 天。

★答案 109

初看上去，钓到的鱼似乎可以是 33 条到 43 条之间的

任一数目，因为 A 可能钓到 0 至 11 条鱼，而别人钓到的鱼

可以由此推算出来。但是，由于最后每位男孩都分到同样

多的鱼，所以总数必然是 35 或 40。如果我们试一试后者，

就会发现它可以满足所有的条件。于是求得，A 钓到 8 条

鱼，B 钓到 6 条鱼，C 钓到 14 条，D 钓到 4 条，E 钓到 8 条。当

B、C、D 三人把他们钓到的鱼合在一起后又分成三份时，每

人可分到 8 条鱼。以后，不管他们怎样合起来分鱼，每人分

到的鱼总是8条。

★答案 110

如果苏珊不占小便宜,那么丝线每绞值5美分,绒线每绞值4美分。

★答案 111

孩子们买了3粒牛奶软糖,15粒巧克力糖,2粒橡皮口香糖。

★答案 112

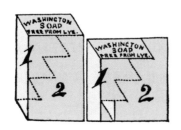

★答案 113

寄膳公寓的大饼最多可以切成22块,见下页图。"TM"是玛丽大婶在饼上的标记,以区分有饼馅('tis mince)和没有饼馅('taint mince)的部位。

（如果能求出一个公式，以便对任何给定的所切刀数算出能切出的最多块数，那将使这个古典问题更为有趣。与之有关的另外两道题是新月形与圆盘形奶酪的切法。请参看《萨姆·劳埃德的数学趣题》(*Mathematical Puzzles of Sam Loyd*)。——马丁·加德纳）

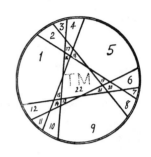

★答案 114

比尔·琼斯拿到8836美元，他老婆玛丽拿到5476美元，他们的儿子内德到手2116美元。汉克·史密斯分到16129美元，他老婆伊莉拿到12769美元，他们的女儿苏珊分到9409美元。杰克·布朗得到6724美元，他老婆萨拉分到3364美元，他们的儿子汤姆，这个家庭中的不肖子孙，只拿到4美元。

（根据题意以及钱放在信封中的条件可知，每人所分到的钱数是一个完全平方数。——马丁·加德纳）

★答案 115

设我们用 x 表示桥梁的长度，其单位为英尺，则母牛距离桥的一端为$\frac{1}{2}x-5$，而另一端为$\frac{1}{2}x+5$。火车距较近的桥头为$2x$。

母牛跑完$(\frac{x}{2}-5)+(\frac{x}{2}+4\frac{3}{4})$[①]的距离时，火车跑完$(2x-1)+(3x-\frac{1}{4})$，而这两个距离分别等于$(x-\frac{1}{4})$和$5(x-\frac{1}{4})$。由此得知，火车的速度为母牛速度的5倍。利用这一线索我们可以列出方程：

$$2x-1=5(\frac{x}{2}-5)。$$

于是求出桥长x等于48英尺。在问题的这一部分，火车的实际速度是不起作用的，但是，为了求出母牛的速度，我们需要求出它来。由于题目已经告诉我们火车每小时可以行驶90英里，所以母牛的速度为每小时18英里。

★答案 116

只要用数字14代替13，即可将那5个男孩逐出圈子。同以前一样，从图上那个不戴帽子的女孩开始数起，按照顺时针方向进行。

★答案 117

中国茶叶店老板在他的混合茶中使用了30磅每磅5

① 注意1英尺等于12英寸。——译者注

只角子的茶叶,10磅每磅3只角子的茶叶。

★答案 118

（设英亩数为 x ,所支付的小麦的蒲式耳数为 y ,则据题意可列出以下两个方程:

$$\frac{\frac{3}{4}y+80}{x}=7,$$

$$\frac{y+80}{x}=8。$$

解此方程组,即可得出蒲式耳数是80,而这块农田的面积为20英亩。——马丁·加德纳）

★答案 119

由于我们不知道横杆之间的长度,我们就无法算出每块南瓜田各有多少英亩。但是,要解决这道题目,这并不是非知道不可的。两块地的面积之比是209∶210,因而,两位乡里人损失了他们原有土地面积的 $\frac{1}{210}$,所以他们也按比例地损失了南瓜。由于840只南瓜的 $\frac{1}{210}$ 是4只南瓜,从而可以得出结论,他们在每英亩土地上损失了4只南瓜。

★答案 120

四只金属环的重量各等于 $\frac{1}{4}$ 磅、$\frac{3}{4}$ 磅、$2\frac{1}{4}$ 磅和 $6\frac{1}{4}$ 磅[1]。只要善于利用，按照实际需要把它们放到天平的两边，就可以称出 $\frac{1}{4}$ 磅到 10 磅之间的任何重量，其精确度可达到 $\frac{1}{4}$ 磅。

★答案 121

共有 12 只袖套与 18 只硬领。每只硬领的洗涤费为 2 美分，而每只袖套的洗涤费为 $2\frac{1}{2}$ 美分，所以查利的那包送洗物要支付 39 美分。

★答案 122

夜间值班员、他的老婆、婴儿与狗可用下列办法逃生：

1. 降下婴儿。

2. 降下小狗，升上婴儿。

3. 降下值班员，升上小狗。

---

[1] 若以 $\frac{1}{4}$ 磅作为单位质量，这四个质量就相当于 1、3、9、27，所以实际上本题是一个很典型的三进制问题。——译者注

4. 降下婴儿。

5. 降下小狗,升上婴儿。

6. 降下婴儿。

7. 降下老婆,升上其他一切。

8. 降下婴儿。

9. 降下小狗,升上婴儿。

10. 降下婴儿。

11. 降下值班员,升上小狗。

12. 降下小狗,升上婴儿。

13. 降下婴儿。

(这是刘易斯·卡罗尔的一个问题的一种简化形式,原题见《刘易斯·卡罗尔插图全书》第318页,此书编者为S.D.科林伍德,出版于1899年。——马丁·加德纳)

★答案 123

吉米的年龄为 $10\frac{16}{21}$ 岁。

★答案 124

(尽管萨姆·劳埃德在他的《大全》中对此题不太重视,

并在其答案中没有说明解题方法,但它仍然是这本书中最有趣的题目之一,因为它把代数解法同丢番图[①]分析结合起来了。

下面便是一种解法。设 x 是原先买进的小狗数,也就是购入的老鼠数。我们用 y 表示留下来的7只动物中的小狗数,则留下来的老鼠数应为 $7-y$。卖掉的小狗数(每只卖价按增加10%计算,应是2.2只角子)等于 $x-y$,而卖掉的老鼠数(每对卖2.2只角子,或每只卖1.1只角子)是 $x-(7-y)$。

把上述数据表示为方程的形式并加以化简,即可得下列关于两个未知数的丢番图方程,当然这些未知数都应是正整数:

$$3x=11y+77。$$

此外,已知 y 不能大于7。

把7个可能的 y 值一一代进去,我们发现只有当 $y=5$ 和2时,x 才是正整数。如果不是事先已说明老鼠是成对买进的话,将会出现两个不同的解。若 $y=2$,则原先购入的老鼠数为33只,而33是奇数,不合题意,必须排除,从而得出:$y=5$。

[①] 丢番图(Diophantus,约246—330),古希腊数学家,主要以研究整系数代数方程或方程组的整数解而闻名。后人便把这种方程称作"丢番图方程",把这方面的研究称作"丢番图分析"。——译者注

现在真相已经大白,商人买进44只小狗和22对老鼠,总共付出132只角子。他卖掉了39只小狗与21对老鼠,收入132只角子,身边还剩下5只小狗,价值为11只角子(零售价),和2只老鼠,值2.2只角子(也是零售价)。这7只动物一共值13.2只角子,正好等于他原来投资额的10%。——马丁·加德纳)

★答案 125

(设史密斯太太的钱数为 x,史密斯先生的钱数为 y,则小树林与小溪的价值等于 $\frac{y}{3}$,也等于 $\frac{x}{4}$。此外,已知 $\frac{3}{4}x+y$ 等于5000美元,而 $\frac{2}{3}y+x$ 也等于5000美元。从这些方程中可以解出史密斯的钱是2500美元,而他太太的钱是 $3333\frac{1}{3}$ 美元,小树林与小溪的价值是 $833\frac{1}{3}$ 美元。——马丁·加德纳)

★答案 126

10枚硬币可按下图放置,这样就能得出16个偶数行:

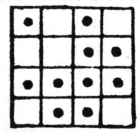

答案 127

下图给出了"躲猫猫"小姐的办法。

★答案 128

整片土地被分成18小块。

★答案 129

（设 x 为饲养费，于是可以列出如下的方程：

$$x-34=13+\frac{1}{4}x,$$

由此可求出 x 的值为 $62\frac{2}{3}$。从此数减去进出差价34美元，于是算出他实际上亏了 $28\frac{2}{3}$ 美元。——马丁·加德纳）

★答案 130

把B和C移到队伍的右边，同打鼓的小女孩站在一起，然后用E和F填补空档,再用H和B填补空档,最后再用A和E填满空档①。

★答案 131

共有三个男孩,三个女孩。他们每人得到一只一个铜板可买两只的面包和两只一个铜板可以买三只的面包。

★答案 132

霍根太太分到的那块布,长度为$58\frac{1}{3}$英尺,而玛丽·奥尼尔分到的那块长为$41\frac{2}{3}$英尺。

★答案 133

一头奶牛原来的进价为150美元,另一头奶牛为50美元。

★答案 134

(萨姆·劳埃德的越野赛马问题是许多初等微积分教科书中一道习题的翻版。(通常的提法是:一个人划着小船

---

① 此题即有名的"移棋相间"问题。我国前辈科普作家、航空专家、西北工业大学一级教授姜长英老先生在50年前就曾介绍过它。据说俞平伯的曾祖父俞曲园先生也曾研究过它。——译者注

要到达对岸某处,他先以一定的速度划船渡河,然后上岸沿岸以较快的速度步行。)

这道题目可以用以下办法来解决。设 x 为路的那一头到马越过石墙处的距离,则从越墙处到"1英里"路标处的距离等于 $1-x$。我们知道,马的速度在大路上是每小时35英里,而在崎岖不平的地里,速度只是每小时 $26\frac{1}{4}$ 英里。因此,抄近路走,到达终点的总时间为

$$\frac{x^2+\frac{9}{16}}{26\frac{1}{4}}+\frac{1-x}{35}。$$

问题在于,自变量 x 取什么值时,才能使上面的表达式为最小?我们可以求出函数的导数,令它等于零,由此解出 x。x 的值大约是0.85英里。这意味着,马跳过石墙的地点大约是"1英里"路标再过去0.15英里(或 $\frac{1}{7}$ 英里稍多一点)之处。——马丁·加德纳)

★答案 135

惠廷顿的猫按照路线 A–4–C–1–Y–5–2–B–6–X–3–Z 就能抓住所有的老鼠。

如果时钟敲打6下需要6秒钟,那么敲打之间的时间间隔将是 $1\frac{1}{5}$ 秒。当敲11下时,中间应有10个间隔,所以一共需要12秒。

★答案 136

每个孩子手中有着100粒弹子。

★答案 137

★答案 138

猴子乔科爬窗讨钱的次序如下:10,11,12,8,4,3,7,6,2,1,5,9。这条路线在底层窗子和中层窗子之间的空墙中只穿过两次。

★答案 139

这匹快马跑过 1 英里的 4 个四分之一段所用的时间分别是 $27\frac{1}{4}$ 秒、27 秒、$27\frac{1}{8}$ 秒、$27\frac{1}{8}$ 秒,总时间等于 1 分 $48\frac{1}{2}$ 秒。

★答案 140

威格斯太太去年在每边可种 105 棵卷心菜的正方形地里种了 11 025 棵卷心菜,今年她在较大的正方形地(每边可种 106 棵卷心菜)里种了 11 236 棵卷心菜。

★答案 141

12 点钟以后,分针与时针首次在 12 时 $32\frac{8}{11}$ 分处于相反的方向,此种状况以后每隔 1 小时 $5\frac{5}{11}$ 分重复出现一次。秒针所指的位置表明,子弹把钟打坏的时间是在 10 时 $21\frac{9}{11}$ 分,或 10 时 21 分 $49\frac{1}{11}$ 秒。

★答案 142

身上标着 6 的那个男孩要头脚倒立,便可组成 931。

ENTERTAINING MATHEMATICAL PUZZLES

Martin Gardner

Illustrated by Anthony Ravielli

责任编辑　卢　源　李　凌　朱惠霖
装帧设计　杨　静

数学思维训练营

马丁·加德纳的趣味数学题

［美］马丁·加德纳　著

林自新　谈祥柏　译

出版发行	**上海科技教育出版社有限公司**
	（上海市闵行区号景路159弄A座8楼　邮政编码201101）
网　　址	www.sste.com　www.ewen.co
经　　销	各地新华书店
印　　刷	上海昌鑫龙印务有限公司
开　　本	720×1000　1/16
印　　张	18
版　　次	2019年8月第1版
印　　次	2024年8月第6次印刷
书　　号	ISBN 978-7-5428-7039-1/O·1088
图　　字	09-2012-479号
定　　价	68.00元